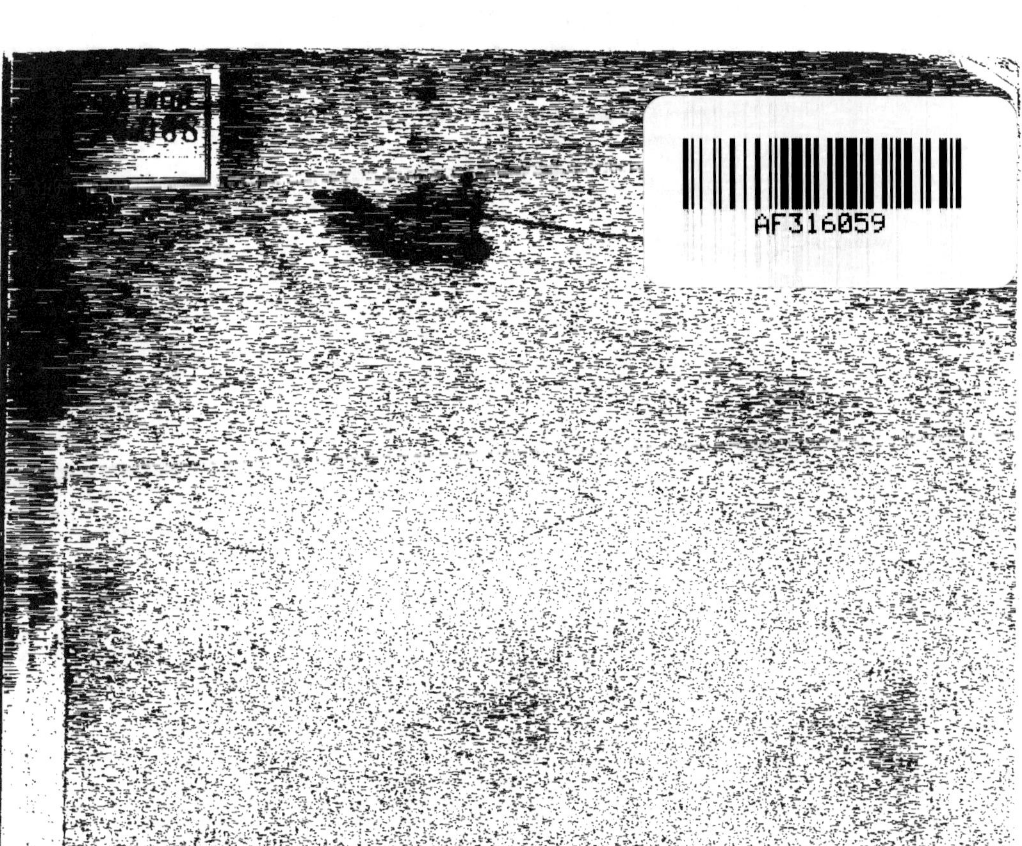

PRÉFACE

D'UNE RÉFORME DES ESPÈCES

FONDÉE

SUR LE PRINCIPE DE LA VARIABILITÉ RESTREINTE

DES TYPES ORGANIQUES

EN RAPPORT AVEC LEUR FACULTÉ D'ADAPTATION AUX MILIEUX

PAR

M. Adolphe GUBLER,

Professeur agrégé à la Faculté de médecine,
Médecin de l'hôpital Beaujon,
Vice-président de la Société botanique de France.

Extrait du Bulletin de la Société botanique de France.

(Tome neuvième, séances des 11 avril, 9 mai et 25 juillet 1862.)

PARIS

IMPRIMERIE DE L. MARTINET

RUE MIGNON, 2

1862

G.

PRÉFACE

D'UNE RÉFORME DES ESPÈCES

FONDÉE

SUR LE PRINCIPE DE LA VARIABILITÉ RESTREINTE

DES TYPES ORGANIQUES

EN RAPPORT AVEC LEUR FACULTÉ D'ADAPTATION AUX MILIEUX

I

> Les véritables espèces sont noyées dans la multitude
> des mauvaises.
> (DECAISNE, *Bull. Soc. bot. de Fr.* avril 1860,
> t. VII, p. 263.)

Le nombre des espèces admises par les botanistes va toujours croissant, les types linnéens vont se subdivisant sans cesse, au désespoir des *botono-philes* et même des savants qui, voués à des études générales, n'ont pas le temps de se pénétrer des détails de la partie descriptive de la science.

Si cette dissociation continue, la botanique, hérissée déjà de difficultés, n'aura plus qu'un petit nombre d'adeptes, et ceux que ne pousse pas un entraînement irrésistible vers l'étude de la nature, rebutés dès les premiers obstacles, s'attacheront seulement, comme à l'époque romaine, au côté artistique et utilitaire, et se contenteront des notions empiriques de nos garçons jardiniers.

Cependant le concours des plus humbles amateurs doit profiter à l'avancement des connaissances en histoire naturelle. La Société botanique de France l'a si bien compris qu'elle a ouvert ses portes, pour ainsi dire, à deux battants, et n'a pas demandé la moindre preuve de capacité à ceux qui voulaient en franchir le seuil. C'est donc entrer dans l'esprit de la compagnie, et particulièrement dans les intentions des savants qui l'ont constituée, que de chercher à rendre plus faciles les abords du temple. Tel sera, je l'espère, l'un des résultats de mes efforts.

Mais, en entreprenant ce travail, mon but principal, je l'avoue, n'est pas simplement d'aplanir la route à ceux qui nous suivent; je tiens surtout à faire voir que la distinction a été poussée assez loin, que l'analyse a fourni assez de matériaux à la science; qu'il est temps enfin de grouper les détails, de dégager quelques faits généraux, je n'ose dire des lois, qu'en un mot le tour de la synthèse est arrivé.

Au reste, si jamais, à aucune autre époque, la manie d'émietter les anciens types spécifiques n'a été poussée aussi loin que de nos jours, la tendance du moins n'est pas nouvelle, et des hommes autorisés se sont élevés dès longtemps contre cette multiplication irrationnelle des espèces.

Un observateur, par exemple, qui fixa ses recherches sur l'un des genres les plus polymorphes et se prêtant le mieux à ce luxe de subdivisions arbitraires, Seringe, s'exprime en ces termes : « Il est probable que si Willdenow » avait vécu plus longtemps, s'il avait décrit comme espèces toutes celles que » M. Schleicher dit avoir été nommées par lui, il aurait, en multipliant d'une » manière prodigieuse le nombre des espèces, été très nuisible à cette partie » de la botanique. Tous les auteurs qui, dans l'étude des Saules, ne feront » qu'un travail de cabinet, manqueront certainement leur but; il faut les » cultiver, les voir à chaque instant et dans l'état frais; les étudier sur les » mêmes individus, retirés du même pied par boutures ou marcottes, plantés » dans des terrains arides, humides, argileux, sablonneux, etc. (1). »

Mais auparavant une voix plus éloquente, celle de Lamarck, s'était fait entendre dans ce débat toujours ouvert entre ceux qui ne voient que des différences et ceux qui recherchent les analogies, entre ceux qui ne se préoccupent que de la diversité des formes et ceux qui voient, au delà des apparences, l'identité d'origine ou l'unité de plan. Laissons la parole à ce grand naturaliste :

« Il me sera facile de montrer, dit Lamarck (2), que tout ce que je viens » de dire à l'égard des familles et des genres a aussi parfaitement lieu pour » les espèces, et que l'étude de la botanique à cet égard est encore embar- » rassée de mille incertitudes et de difficultés insurmontables; car, au lieu » de chercher à distinguer les espèces par des caractères tranchants, toujours » confirmés par la constance dans la reproduction, et sans jamais employer le » plus ou le moins (3), presque tous les botanistes à présent multiplient infi- » niment les espèces aux dépens de leurs variétés; ils ne connaissent plus de » bornes à ce désir de créer de nouveaux êtres : la moindre nuance dans la » grandeur, dans la couleur ou dans la consistance de deux individus leur » suffit pour former deux espèces particulières. »

Et plus loin, Lamarck s'écrie : « Que va devenir la botanique fondée sur » de pareils principes? Quel chaos! et comment se reconnaître? »

(1) Seringe, *Monographie sur les Saules.* Berne, 1815.
(2) Lamarck, *Discours préliminaire* de la 2ᵉ édition de la *Flore française*, p. 25.
(3) Cette exigence de Lamarck ne nous paraît pas justifiée.

Ce même cri de détresse a été arraché plus d'une fois, depuis lors, à d'éminents naturalistes par les excès des amateurs de savantes minuties. Personne, parmi nous, n'a oublié l'énergique et chaleureuse protestation d'un de nos maîtres, en faveur d'une méthode plus rationnelle. M. Decaisne nous disait un jour (1), avec l'accent d'une conviction irrésistible : « Afin de » faire comprendre dans quel chaos on précipite aujourd'hui la botanique, » je crois devoir mettre sous les yeux de la Société quelques chiffres qui » dénotent assez ce qu'il y a d'absurde et de faux dans cet accroisse- » ment indéfini d'espèces qui nous inonde depuis une quarantaine d'années. » Une fois qu'on est lancé sur cette pente, il n'y a plus de raison de » s'arrêter, et Dieu sait où l'on ira chercher dorénavant des caractères spéci- » fiques. »

« Les véritables espèces, ajoute M. Decaisne, sont noyées dans la multitude » des mauvaises. »

Cette sentence sévère résume fidèlement la situation actuelle de la science. « Cependant, comme il est dans l'ordre des choses que tout excès amène une » réaction qui en est le correctif, je ne désespère pas, dit en terminant le » savant professeur, de voir les esprits sérieux revenir à des appréciations » plus saines des caractères spécifiques, et les Flores débarrassées de cette » superfétation de noms qui surchargent la mémoire la mieux douée, sans » qu'il en résulte le moindre bénéfice pour la science (2). »

Ces paroles commencent à porter leurs fruits. Séance tenante, un floriste très compétent, M. Cosson, a déclaré s'associer de tout point à l'opinion énergiquement exprimée par M. Decaisne, non-seulement dans cette circonstance, mais déjà en 1857, dans un excellent travail qui renferme, à l'occasion d'une étude sur un point très limité, l'exposition de vues hautes et judicieuses sur les généralités de la science (3).

De son côté, M. le comte Jaubert, dans un discours aussi bien écrit que sagement pensé, déclarait, dès 1858 (4), que le danger dont la botanique était menacée lui venait de « l'accroissement démesuré de la nomenclature », et se rangeait résolûment du côté de M. le professeur Decaisne. « Remanier indis- » crètement les anciennes espèces pour en tirer de prétendues nouveautés à » l'aide de différences impalpables, c'est, dit notre éminent collègue, s'ap- » pauvrir sous prétexte de perfectionnement. »

Ainsi, Messieurs, si la plupart des floristes sont encore entraînés dans le tourbillon de l'école ultra-analytique, il en est d'autres, et des plus autorisés,

---

(1) Séance du 27 avril 1860. Voyez le Bulletin, t. VII, p. 263.
(2) *Loc. cit.*, p. 263-264.
(3) Decaisne, *Note sur l'organogénie florale du Poirier, précédée de quelques considérations générales sur la valeur de certains caractères spécifiques* (*Bull. Soc. bot. de Fr.* t. IV, p. 338).
(4) Cte Jaubert, *Discours d'inauguration de sa présidence* (*Bull. Soc. bot. de Fr.* t. V, p. 9).

parmi lesquels je suis heureux de citer encore M. Ad. Brongniart, qui cherchent à enrayer ce mouvement désordonné et qui proclament des principes contraires dont il est permis d'entrevoir le triomphe prochain. M. le professeur Chevreul, à qui les généralités de toutes les sciences sont également familières, pense de son côté que, faute d'une application rigoureuse de la méthode expérimentale, les espèces sont multipliées d'une manière abusive. Il ne fallait pas moins que de pareils exemples pour m'encourager à aborder une question brûlante, dans laquelle je dois heurter tant d'opinions adverses et rencontrer devant moi tant de noms justement estimés.

La déviation que Lamarck, Seringe, MM. Decaisne, Jaubert et d'autres savants reprochent aux descripteurs, semble avoir commencé en Allemagne, et c'est encore de l'autre côté du Rhin que la subdivision indéfinie des types paraît le plus en honneur. Quand on cherche à se rendre compte des causes qui ont entraîné peu à peu les botanistes si loin des traces du grand législateur de la science, on en découvre aisément plusieurs.

D'abord, Linné ayant confondu dans une même dénomination certaines bonnes espèces parfaitement distinctes, il était tout naturel d'en opérer après lui la séparation. De plus, l'auteur du *Système végétal* ayant çà et là laissé s'introduire, parmi la multitude de ses types irréprochables, un petit nombre d'espèces douteuses ou manifestement entachées de vices rédhibitoires, la porte était ouverte à l'abus. En élevant des variétés à la dignité d'espèces on ne faisait qu'imiter l'exemple du grand homme.

Ajoutez à cela la contemplation habituelle d'un petit nombre de types qui fait découvrir des différences insaisissables de prime abord et porte à leur accorder une importance qu'elles n'ont pas. De là vient que les descripteurs allemands, moins bien partagés sous le rapport de la richesse florale, ont dû, toutes choses égales d'ailleurs, se laisser glisser plus rapidement que les autres sur la pente qui aboutit à l'infinie subdivision des types spécifiques.

Enfin le désir bien légitime d'attacher, je ne dis pas son propre nom, je suppose les savants toujours désintéressés, mais du moins celui d'un ami ou d'un Mécène, à une forme nouvelle, n'a pas peu contribué à entretenir ce zèle des distinctions illimitées. Une seule chose eût pu modérer cet entraînement fâcheux, c'eût été une notion saine de la définition de l'espèce. Par malheur, ce frein salutaire vint à manquer. L'espèce étant devenue synonyme de forme distincte, on se crut en droit d'ériger en autant d'espèces toutes les formes qu'à l'aide de raffinements descriptifs, on parvint à rendre reconnaissables... pour les habiles seulement.

Est-ce à dire pour cela que les travaux analytiques aient été sans profit pour la botanique? Loin de moi cette pensée! Les matériaux amassés par l'école moderne ne paraissent encombrants que parce qu'ils n'ont pas encore trouvé leur véritable emploi et n'ont pas reçu la disposition qui leur convient dans l'édifice de la science. Toutes les formes décrites sont bien réelles; les différences signalées ne sont pas chimériques et, pour être moins saillantes que celles sur lesquelles Linné ou Jussieu ont fondé la diagnose des espèces, elles n'en sont pas moins incontestables. Parcourez attentivement du regard la riche plate-bande des Rosiers indigènes dans le jardin botanique de la ville d'Angers, vous n'hésiterez pas à reconnaître, avec le savant directeur de ce bel établissement, que chacune des nombreuses formes réunies dans ce coin de terre se distingue des autres par quelque caractère suffisamment net et défini.

Ce qui est vrai des *Rosa* de M. Boreau, le serait sans doute, dans une certaine mesure, des *Rubus* de M. Mueller et des plantes de M. Jordan. Il n'y a pas de doute à concevoir sur la justesse des remarques de ces honorables botanistes. J'ajoute qu'il n'y a pas de distinction, quelque subtile qu'on la suppose, qui ne mérite d'être consignée dans nos livres et qui ne soit plus ou moins digne de notre attention. Toute modification morphologique, si légère soit-elle, mérite qu'on y prenne garde ; car elle a sa raison d'être et soulève toujours un problème de physiologie ou de physio-pathologie, dont la solution importe à nos connaissances générales. Je ne me plains donc pas de la scrupuleuse exactitude avec laquelle la plupart de nos confrères transmettent à la postérité la physionomie des êtres de l'époque actuelle ; nous devons, au contraire, leur savoir gré du travail constant et quelque peu ingrat par lequel ils enrichissent de précieux détails le domaine de l'histoire naturelle. Ce que je ne puis approuver, c'est l'importance injustement égale attachée par eux à toutes les modifications constatées des types spécifiques.

En conséquence, si je crois devoir protester, après d'illustres devanciers, contre l'introduction d'un grand nombre d'espèces nouvelles dans le catalogue de nos flores, je me garderais bien d'ailleurs de demander la suppression de toutes les formes décrites. Ces formes, je les accepte sans peine, à la condition de les catégoriser et de leur assigner leur véritable rang dans la nomenclature. Les considérer comme non avenues, ce serait nier les résultats de l'observation ; les ranger purement et simplement sous une dénomination spécifique commune, ce serait, selon moi, établir la *confusion* sous le prétexte de faire de la *synthèse*.

Aucune observation ne doit être négligée en histoire naturelle; le plus mince détail, encore une fois, lorsqu'il est mis à sa place, contribue à la perfection de l'ensemble. A ce titre les analyses délicates des floristes serviront certainement nos véritables intérêts ; sachons seulement les utiliser en les interprétant.

Mais, en faisant descendre un grand nombre d'espèces de création moderne à l'humble rang de simples variétés, on ferait un acte de justice qui, par lui-même, serait presque sans avantage pour les naturalistes. En effet, de deux choses l'une, ou bien l'on tiendrait compte de ces variétés, qui seraient inscrites sous leurs noms actuels, et dans ce cas la mémoire ne se trouverait nullement soulagée; ou bien ces mêmes variétés seraient, sinon effacées, du moins négligées d'abord, oubliées plus tard et fondues dans une description plus compréhensive, mais plus vague en même temps, du type spécifique. A cela la phrase caractéristique perdrait sa netteté : qu'y gagnerait la science? Rien assurément; elle aurait même rétrogradé, car il vaut mieux trop distinguer que trop confondre. C'est la supériorité de l'affirmation sur la négation, ou mieux, du savoir sur l'ignorance.

Le seul moyen de concilier ces exigences, en apparence contradictoires, consiste à enregistrer soigneusement toutes les modifications quelconques des types organiques en les groupant d'après leurs affinités naturelles, et leur imposant des dénominations en rapport, soit avec la nature anatomique de la dégénérescence, soit avec la cause cosmique plus ou moins complexe qui l'a déterminée.

Tel est le but que j'envisage depuis plusieurs années, et bientôt j'aurai l'honneur de soumettre à la Société quelques exemples de l'application de ces principes à certains cas particuliers.

II

> L'empreinte de chaque espèce est un type dont les *principaux* traits sont gravés en caractères *ineffaçables et permanents à jamais;* mais toutes les *touches accessoires* varient.
>
> (BUFFON, *Hist. nat.* t. XIII, p. 9, 1765.)

Mais la solution de ces questions repose tout entière sur la définition de l'espèce. A mon tour, je vais donc, non sans crainte, aborder la discussion de cette notion fondamentale en histoire naturelle.

L'espèce est-elle un type primitivement créé, propagé héréditairement à travers les âges et plus ou moins profondément transformé? Est-elle, au contraire, une forme distincte et immuable transmise par génération? Enfin n'est-ce qu'un aspect de la matière organisée, en voie d'évolution depuis l'origine des choses, et doit-on l'envisager plutôt comme un assemblage arbitraire des êtres qui par hasard se ressemblent le plus aujourd'hui, qui se sépareront peut-être demain au point de vue morphologique, et qui, en tout cas, n'ont d'autre lien commun que cette similitude fortuite?

Voilà, en définitive, les trois hypothèses principales qu peuvent être proposées. La seconde est celle d'après laquelle semble se diriger aujourd'hui la majorité des naturalistes. La troisième est l'expression résumée de la manière de voir d'un petit nombre d'hommes distingués dont l'opinion, par cette raison toute personnelle, mérite d'être prise en sérieuse considération. La première, soutenue par Buffon et par Étienne Geoffroy Saint-Hilaire, plus récemment exposée par Isidore Geoffroy Saint-Hilaire, est, à mon avis, la seule admissible.

Je fais bon marché de la circonstance que le type daterait des premiers jours de la création, me bornant à constater qu'il remonte au delà des âges historiques jusqu'à la dernière révolution du globe, et que ce n'est pas forcer l'induction que d'admettre une antiquité plus reculée encore. A part cette vue hypothétique, la thèse défendue par l'auteur de l'*Histoire naturelle générale* me paraît, je le répète, appuyée sur les données les plus positives, et la seule compatible avec l'ensemble des observations acquises à la science.

L'idée de faire reposer la définition de l'espèce sur la similitude plus ou moins exacte des formes est évidemment celle qui a dû se présenter la première à l'esprit des observateurs. Placez un homme intelligent, mais profondément ignorant des choses de la nature, au milieu des richesses zoologiques et botaniques d'une contrée, cet homme sera frappé de prime abord des différences profondes qui séparent les deux règnes. Puis, dans chacun d'eux, par une sorte d'intuition, il saisira les grandes coupes, et par une observation répétée et soutenue, il démêlera enfin les groupes secondaires qu'il subdivisera encore jusqu'à ce qu'il arrive à reconnaître la presque identité de certains êtres se rapprochant autant par leurs caractères communs qu'ils s'éloignent par là de ceux qui les environnent. L'espèce se trouvera dès lors constituée sur l'une de ses bases fondamentales. Toutefois, remarquons-le bien, la même raison qui conduit cet observateur novice à réunir certains êtres, le pousse à en éloigner d'autres, qui cependant ne peuvent être séparés sans violer les lois naturelles les plus strictes. Pour lui, la chenille se rapproche plus d'un ophidien et surtout d'un myriapode que d'une chrysalide, et celle-ci sera aussi loin du papillon que de l'oiseau ou du mammifère. Mais, que notre curieux assiste à la transformation de la larve en nymphe et de la nymphe en insecte ailé et brillant, aussitôt ses idées seront bouleversées, un rayon de lumière aura pénétré dans son esprit et lui aura révélé une seconde condition de l'espèce naturelle, à savoir l'unité d'origine.

Ces deux points de vue par lesquels a passé notre observateur solitaire sont ceux sous lesquels les générations savantes sont venues successivement se placer. Et la connaissance d'une foule de métamorphoses dans l'individu et dans l'espèce, c'est-à-dire des phases et des stases si communes dans les deux règnes, nous oblige maintenant à restreindre beaucoup la valeur de la forme dans la définition de l'espèce. L'identité morphologique reste assurément la meilleure preuve de l'identité spécifique, mais la dissemblance la plus complète des caractères extérieurs n'implique pas nécessairement la distinction originelle des races.

Sans parler des *phases* d'évolution, embryonnaire et fœtale, ni des *stases* constituées par les générations alternantes, à l'occasion desquelles la discussion ne saurait s'élever un instant, j'ose aller jusqu'à prétendre qu'un être organisé pourrait perdre à la fois tous les traits qui passent pour le caractériser, sans cesser néanmoins d'appartenir à son espèce. En effet, les caractères dont nous composons la phrase diagnostique des espèces végétales ou animales ne sont que l'expression des attributs les plus grossiers des êtres qui les composent. Nous choisissons, pour les reconnaître et les signaler, les particularités les plus visibles et les plus tangibles, celles qui sont soumises au nombre, au poids et à la mesure. Des caractères incomparablement plus nombreux et tout aussi importants, mais plus cachés, plus fugaces ou plus difficiles à rendre par le langage, sont passés sous silence. Ainsi le veut l'imperfection de nos moyens. Et pourtant les propriétés omises forment un ensemble tellement caractéristique, qu'à l'exclusion de toutes celles sur lesquelles s'appuie la diagnose officielle, elles suffisent à faire reconnaître les espèces. Les forestiers habiles ne savent-ils pas discerner à première vue l'*essence* à laquelle ils ont affaire d'après l'examen d'un seul rameau ou d'une seule rondelle de bois, sans le secours des feuilles ni des organes reproducteurs? Eh bien! les micrographes en feront autant à l'aide d'une tranche excessivement mince du tissu de la plante. Déjà l'étude de la structure intime des diverses familles donne des résultats d'une netteté inespérée. Dorénavant une coupe microscopique d'une extrémité radiculaire suffira, d'après les belles anatomies de notre président (1), pour prononcer qu'une plante est réellement parasite. Un de nos zélés secrétaires, M. Eug. Fournier, vient de nous apprendre que les feuilles des diverses sections du genre *Polytrichum* ont des structures élémentaires très différentes qui permettraient de les classer naturellement d'après ce seul caractère. Qui sait à quel degré de précision arrivera la diagnose par des investigations patientes et laborieuses exécutées à l'aide des moyens perfectionnés que la physique et la chimie mettent aujourd'hui à notre disposition? Un grand avenir est réservé, sans aucun doute, à cet ordre de recherches. Pour ma part, je suis convaincu que les traits caractéristiques de l'espèce sont empreints dans la structure intime comme dans l'organisation extérieure, que chaque élément histologique reproduit, dans son état matériel et son fonctionnement, des modalités comparables à celles qui distinguent l'individu tout entier, et qu'en outre le cachet de la spécificité y est imprimé d'une manière plus indélébile encore. Ceci vaut la peine d'une explication.

Prenez un demi-centimètre cube, par exemple, du parenchyme charnu d'un *Cactus*, ou d'une plante grasse quelconque; placez cette petite masse dans des conditions de chaleur et d'humidité favorables à la végétation : alors, l'une des cent mille utricules qui composent cette fraction de la plante, va se gonfler, se colorer : elle va devenir le siége d'une nutrition plus active et le centre d'une production d'éléments nouveaux qui s'agenceront de telle sorte qu'il en résultera un *Cactus* semblable à celui auquel vous avez emprunté ce fragment de parenchyme. Pourtant rien ne vous eût avertis de cette aptitude merveilleuse de la cellule privilégiée. Elle ne se distinguait préalablement par

(1) M. Chatin.

aucun signe: et de fait, il est infiniment probable qu'elle n'était point pré-
destinée et que tout autre élément du tissu utriculaire aurait aussi bien propagé
la race.

La *cellule qui s'anime*, pour parler le langage imagé de Gaudichaud, n'est
pas au fond différente de ses congénères : c'est celle qui se trouve accidentel-
lement recevoir à la fois la plus grande somme de sucs nutritifs et la plus juste
mesure de radiation solaire. D'ailleurs, toute autre à sa place en eût fait
autant.

Chaque élément histologique d'une plante, comme chaque parcelle d'un
animal inférieur, comme l'ovule des êtres plus haut placés dans l'échelle
organique, recèle donc l'aptitude à revêtir tous les attributs de la plante entière.

En ce sens, *toute utricule végétale est un ovule*, ou ce qui revient au même,
toute utricule végétale est un individu en puissance.

L'exemple choisi fait, si je ne m'abuse, ressortir jusqu'à l'évidence la par-
ticipation possible de chaque molécule intégrante d'un organisme aux propriétés de l'ensemble. Il nous montre la spécificité attachée à la dernière utricule
microscopique du végétal, aussi bien qu'à l'individu collectif tout entier. Sans
doute les différents éléments de la trame organique ne sont pas tous doués,
même à l'état potentiel, de cette somme de qualités qui appartient aux cellules
vertes des plantes ou bien au sarcode des zoophytes ; mais tous, à mon avis,
retiennent du moins quelques caractères intimes qui les distinguent de leurs
homologues dans les autres espèces naturelles.

Voilà ce qui constitue, à proprement parler, l'*essence* de l'espèce ; car cette
modalité des parties intégrantes, ou plutôt des véritables individus rudimen-
taires, est la propriété immanente par excellence. L'agencement, l'accumulation
de ces organes élémentaires, la configuration extérieure de l'être composé, son
volume, sa masse, tout cela, au contraire, est sujet à varier.

Si la dissemblance la plus évidente cache parfois la communauté d'origine
et l'identité essentielle, d'un autre côté une similitude morphologique presque
parfaite peut masquer la multiplicité originelle et la différence radicale des
types.

Il n'est guère d'animaux plus voisins par la forme que l'âne et le cheval,
tellement qu'un crayon malhabile représente involontairement le premier
quand il croit nous tracer l'image du second. Des contours un peu plus
arrondis ou plus maigres, des oreilles un peu plus ou un peu moins longues,
voilà à quoi se réduisent les caractères les plus saillants. Et cependant quelle
distance sépare ces deux êtres au point de vue de la structure, de la manière
de vivre, de l'intelligence et du caractère ! Malgré leurs grandes affinités
morphologiques, la nature elle-même s'est plu à rendre infranchissable
l'espace qui les sépare, en frappant leurs hybrides de stérilité. Preuve manifeste de la profonde différence organique des deux espèces en même temps
que de leur essence distincte.

La conformité presque absolue des types n'est donc à son tour qu'une présomption en faveur de l'identité spécifique.

J'en ai dit assez pour faire voir que le caractère tiré de la forme est insuffisant ou trompeur, et qu'il exige, à titre de complément ou de correctif, la notion de filiation ou d'origine commune.

Sans entrer plus avant dans cette controverse, je crois devoir proposerdès à présent les définitions suivantes :

Envisagée du point de vue de la forme, *l'espèce est l'ensemble des êtres qui, sous des conditions extérieures identiques, se ressemblent presque exactement, aux diverses périodes respectives de leur évolution collective ou individuelle.*

Fondée sur l'essence, *l'espèce est un type organique transmissible héréditairement, d'une manière indéfinie, sans altération profonde et irréversible* (1), *du moins pendant la période géologique actuelle.*

La suite de mon travail sera la justification de ces deux formules complémentaires l'une de l'autre, et qu'il suffirait de souder pour donner une notion complète de l'espèce. En attendant, je me contenterai de faire remarquer que je tiens un juste compte des opinions des anciens maîtres : Linné, Jussieu, De Candolle d'une part ; Buffon, Étienne Geoffroy Saint-Hilaire de l'autre, en profitant des vues émises par MM. Chevreul, Flourens, Godron, de Quatrefages sur la méthode à suivre et les principes à sauvegarder dans la définition de l'espèce ; et qu'en outre mes formules concordent parfaitement avec l'esprit de la définition adoptée par Isidore Geoffroy Saint-Hilaire, l'une des plus grandes autorités dans la question.

III

> Les caractères des espèces ne sont ni absolument fixes, comme plusieurs l'ont dit, ni surtout indéfiniment variables, comme d'autres l'ont soutenu. Ils sont fixes pour chaque espèce, tant qu'elle se perpétue au milieu des mêmes circonstances. Ils se modifient si les circonstances ambiantes viennent à changer.
>
> (Isid. Geoffroy Saint-Hilaire, *Hist. nat. gén.* t. II, p. 431.)

Chacune des formules précédentes suppose implicitement la notion de variabilité des types organiques. En faisant cette réserve dans les définitions, je prenais donc l'engagement de démontrer que l'espèce n'est pas immuable, comme semblent le croire quelques personnes, aux yeux de qui les êtres d'une même essence originelle doivent être aussi semblables que le seraient entre elles deux statues de bronze coulées dans le même moule.

(1) Ce mot n'est pas entré dans la langue ; j'espère qu'on me pardonnera ce néologisme utile, en considérant que les radicaux *réversion* et *réversible* ont déjà leur place dans le dictionnaire.

Quelle que soit la définition de l'espèce à laquelle on s'arrête, qu'on la considère comme un type créé et propagé par voie de génération ou qu'on en fasse l'ensemble des individus qui se ressemblent le plus, en d'autres termes, qu'on fonde l'espèce sur le principe de l'*essence* ou sur celui de la *forme*, il est impossible de ne pas reconnaître que les types se modifient et s'altèrent suivant les conditions diverses au milieu desquelles ils sont appelés à vivre.

A vrai dire, l'immutabilité absolue n'a jamais eu de partisans avoués : personne n'a jamais soutenu que deux êtres créés, pour appartenir à la même espèce, dussent pouvoir se superposer exactement à la manière de deux figures géométriques, égales et semblables. Seulement, beaucoup d'auteurs, Linné, Cuvier, C. Duméril, Ach. Richard, etc., n'admettent comme possible que ces nuances fugitives qui distinguent les membres d'une même famille, ou tout au plus d'une même race humaine. D'autres naturalistes, Lamarck, Gœthe, Fréd. Gérard, MM. Darwin, Wallace, Germain de Saint-Pierre, tombant dans un excès contraire, ne croient devoir assigner aucune limite à la variabilité des types. Il en est enfin qui, avec Étienne et Isidore Geoffroy Saint-Hilaire, avec MM. Alph. de Candolle, de Quatrefages, la veulent restreinte. C'est à leur suite que je me range.

Ainsi l'on s'accorde généralement sur le fait des variations ; mais on discute, sans s'entendre, sur la question de savoir dans quelle mesure a lieu la variabilité des espèces. Comment s'étonner de ce désaccord ? Aucun principe n'autorise à tracer d'avance le cadre dans lequel seront enfermées les modifications des types spécifiques. Si l'analogie permet d'entrevoir une série indéfinie de transformations dues, pour ainsi parler, à l'initiative individuelle ; d'un autre côté, la loi d'atavisme, sauvegarde de la fixité du type, autorise à considérer comme inévitable le retour aux qualités héréditaires.

Dans cette lutte engagée entre deux forces contraires, qui pourrait décider à priori le sens et l'intensité du mouvement ? La question est donc de celles qui ne se jugent que par l'observation et l'expérimentation, en un mot, par la méthode à posteriori.

Interrogeons par conséquent les faits.

C'est une opinion accréditée que les races de chevaux, celles plus nombreuses et plus diverses des chiens domestiques, dérivent d'une seule espèce primitive des genres *Equus* et *Canis*. Il en est peut-être réellement ainsi ; cependant la démonstration péremptoire de cette proposition ne saurait être fournie. Fidèle à une logique rigoureuse, je consens donc à me priver de ces preuves pour établir la réalité des variations considérables des types organiques. Mais, si la formation des races canines se perd dans la nuit des temps, et si leur origine d'un couple unique, contestable d'ailleurs, ne peut être admise que par induction, il est des altérations morphologiques des animaux privés et des plantes de culture qui se produisent journellement sous nos yeux et qui témoignent hautement en faveur de la possibilité des autres métamorphoses.

Chaque jour voit éclore, sous les mains habiles des horticulteurs modernes, quelque forme nouvelle de fleurs, de légumes ou de fruits, aux dépens de races plus anciennement cultivées.

Sans être aussi spontanées et aussi journalières, d'autres variétés, obtenues depuis un certain temps par les efforts combinés de la nature et de l'art, n'en ont pas moins une généalogie parfaitement connue, et leur histoire authentique nous les montre se séparant, à un moment donné, d'une souche qui leur est commune avec d'autres formes très différentes par leurs caractères extérieurs. Tels sont le mouton mérinos, le bœuf de Durham et le cheval anglais ; et, comme produits plus récents, la race ovine à laine soyeuse, dite de Mauchamp, due à M. Graux, la sous-race de Gévrolles, etc. Il est prouvé maintenant, par les ingénieuses recherches de M. Naudin, que, dans les Cucurbitacées, chaque espèce donne naissance à des variétés tellement disparates que l'expérience seule peut en faire admettre l'identité essentielle. Toutes les familles assurément ne jouissent pas du polymorphisme au même degré ; mais néanmoins il n'en est aucune qui ne puisse offrir des exemples de modifications typiques importantes. Parfois même ces modifications peuvent être rapidement imprimées aux organismes vivants. C'est ainsi que Louis de Vilmorin, de regrettable mémoire, parvenait, en deux ou trois années à peine, à transformer le pivot sec et désagréablement aromatique du *Daucus Carota* sauvage, en cette racine succulente, sucrée et savoureuse qu'on sert sur nos tables depuis des siècles.

L'art de créer des races a pris, surtout en Angleterre, un développement inespéré. C'est avec un véritable étonnement qu'on lit la description des formes singulières et diversifiées obtenues du pigeon ordinaire (*Columba. Livia*) par les deux célèbres *Pigeon-clubs* de Londres.

On peut se faire une idée de la puissance exercée par l'homme sur les propriétés plastiques des animaux soumis à son empire, en écoutant ces paroles de lord Somerville : « Il semblerait, disait-il en parlant des éleveurs de » moutons, qu'ils eussent esquissé sur une muraille une forme parfaite en » elle-même et lui eussent ensuite donné l'existence. »

De son côté, le plus habile éleveur de la Grande-Bretagne, sir John Sebright disait, à propos des pigeons : « Qu'il reproduirait en trois ans quelque plu- » mage donné que ce fût, mais qu'il lui en faudrait six pour obtenir une tête » ou un bec. »

Au résumé, non-seulement les types organiques se modifient selon les circonstances, mais l'homme peut à son gré déterminer le sens de ces déviations morphologiques, en profitant des tendances naturelles des sujets, en les provoquant même au besoin et les dirigeant, ou les exagérant ensuite, selon son utilité ou son caprice.

De plus, entre les descendants d'une même lignée, les différences survenues spontanément ou produites artificiellement sont, en certains cas, si considérables qu'elles équivalent aux signes caractéristiques servant à déterminer deux espèces naturelles proprement dites. Pour s'en convaincre il suffit de comparer les variétés de melons et de citrouilles, de choux, de poires et de pommes, de raisins, etc.; celles des poules et de tant d'autres espèces animales ou végétales.

Dans tous ces exemples, je ne crains pas de l'affirmer, les traits distinctifs des variétés s'élèvent souvent à la hauteur de véritables caractères spécifiques. Bien plus, ils offrent, en quelques circonstances, la valeur de caractères réputés génériques et même d'un ordre plus élevé encore. Voyez ce qui se passe chez les nains des végétaux à feuilles opposées, où les fleurs affectent le type tétramère, tandis que les verticilles sont pentamères dans l'espèce. Or c'est uniquement sur le nombre des étamines que Linné a fondé les douze premières classes de son système. S'ensuit-il de là que des espèces, des genres nouveaux puissent se former ainsi aux dépens de types préexistants, et que les êtres organisés, dans une perpétuelle métamorphose, se séparent graduellement de leurs ancêtres, en multipliant et singularisant de plus en plus leurs formes? L'imagination conçoit de telles transformations, mais aucun fait expérimental n'en prouve la réalité. Pour avoir acquis des particularités morphologiques qui les distinguent plus ou moins réellement de leurs parents, les variétés n'en retiennent pas moins l'immense majorité des caractères connus ou ignorés de l'espèce. Alors même qu'ils s'éloignent de l'état habituel par un caractère haut placé dans la hiérarchie, ce caractère perd toute importance, soit par son isolement, soit par son *intransmissibilité* héréditaire. Certaines *touches* de la physionomie du type peuvent s'altérer, mais les véritables observateurs ne s'y tromperont pas. Ni l'ovule qui par la fécondation deviendra apte à reproduire l'animal ou la plante, ni l'utricule végétale qui s'animera pour propager la souche : en un mot, ni les éléments histologiques, ni les germes, n'ont subi aucune atteinte, l'apparence seule s'est modifiée. Derrière ce masque d'un jour l'essence subsiste. Le fond de l'organisation a si peu changé, que si la génération suivante ne rentre pas dans la forme normale, elle s'y achemine du moins, et le retour ne tardera pas à s'effectuer complétement, pourvu que l'action de la cause perturbatrice ne soit pas permanente et n'intervienne pas incessamment pour maintenir la déviation.

Je ne saurais donc partager l'opinion de Lamarck sur la transmutation indéfinie des êtres naturels. Cette doctrine de l'origine commune des animaux, que réprouve instinctivement l'orgueil humain, je ne la repousse, moi, qu'au nom de la saine observation. Lamarck assigne, il est vrai, une double source à l'animalité : d'une part les vers intestinaux, d'autre part les infusoires. L'homme est libre de choisir celle à laquelle il lui conviendra de se rattacher, mais il ne saurait échapper à cette alternative, de toute façon peu séduisante. Au reste, la priorité de cette manière de voir n'appartient pas au naturaliste français : un grand peintre italien l'avait déjà *illustrée* en figurant sur la même toile toutes les dégradations par lesquelles le type humain peut être ramené à celui des batraciens, dont l'homme procéderait. Dans le tableau de Léonard de Vinci, la série commence par une grenouille et finit par un Apollon. Que cette œuvre de l'auteur de la *Joconde* doive être considérée comme le fruit d'une imagination malade, je l'accorde; mais il n'en est pas moins vrai que l'idée, un peu transformée, a fait son chemin dans le monde. Il est encore aujourd'hui bon nombre de Caucasiques du Nord et du Sud qui se plaisent à considérer les Nègres comme des *singes réussis* et qui les traitent en conséquence..... par respect pour les principes.

Des opinions plus scientifiques sont venues appuyer les vues émises par Lamarck touchant l'origine commune de toutes les espèces du règne animal d'une part, et du règne végétal de l'autre, ou du moins sur leur émanation d'un très petit nombre de types primitifs. La doctrine de ce que j'appellerai la *mono-* ou l'*oligogénèse* (1), en histoire naturelle générale, jouit depuis quelque temps d'une faveur marquée, grâce aux travaux de M. Wallace et surtout de M. Darwin, qu'on peut à bon droit considérer comme chef d'école.

Dans un ouvrage qui a fait sensation chez nous et ailleurs (2), M. Darwin s'empare des idées exposées par Lamarck dans sa *Philosophie zoologique*, il les développe, les fortifie par des faits nombreux, habilement groupés, et par des considérations présentées avec un talent incontestable. Pour le savant anglais, comme pour notre illustre compatriote, la variabilité est illimitée. Mais, à ses yeux, les conditions climatériques n'ont aucune importance dans l'étiologie des modifications offertes par les animaux, non plus que dans celles des plantes. Il reconnaît une influence plus marquée à la nourriture, aux habitudes et à l'exercice ou au défaut d'emploi des organes. Néanmoins, la toute-puissance appartient, selon lui, à la *sélection naturelle*.

La sélection procède par la destruction des uns, par la conservation et la multiplication des autres. Tous les êtres vivants ont des ennemis dans les rigueurs climatériques, dans les parasites des deux règnes et dans les animaux herbivores ou carnivores, voire même dans leurs semblables. Ce sont par conséquent les individus d'abord, et plus tard les races les plus vigoureuses et

---

(1) La *monogénie* s'entend particulièrement de l'opinion qui attribue à toutes les races humaines une souche commune. J'ai dû choisir une autre désinence pour l'expression formée des mêmes racines par laquelle je veux désigner une vue analogue, pour l'appliquer à l'ensemble de l'animalité et de la végétalité.

(2) *On the origin of species by the means of natural selection, on the preservation of favoured races in the struggle for life*, by Charles Darwin. London, 1859. — Voir les excellents articles publiés sur cet ouvrage par M. Auguste Laugel, dans la *Revue des Deux-Mondes* (1er avril 1860), et par M. le docteur Ed. Claparède dans la *Revue germanique*, t. XVI. — Au moment de livrer ces pages à l'impression, je viens de parcourir une traduction française du livre de M. Darwin, par Mlle Clémence-Auguste Royer (*De l'origine des espèces*, Paris, 1862). Ce travail vulgarisera parmi nous les idées de l'auteur.

les plus prolifiques qui, résistant mieux aux intempéries de même qu'à toutes les autres causes de destruction, demeurent maîtresses du terrain. Les mons-tres s'éteignent sans progéniture; les faibles sont la proie des forts. Certaines races disparaissent et d'autres s'élèvent pour les remplacer.

Ainsi vont se modifiant, se consolidant et même se perfectionnant les êtres doués de vie; ainsi vont se créant de nouveaux types spécifiques aux dépens des anciens qui disparaissent; ainsi se renouvelle par degrés la face du monde organique.

Les espèces ne sont en effet que des aspects de l'organisation, aspects transi-toires, si l'on envisage l'éternité, mais plus ou moins fixes relativement aux époques finies enregistrées par l'histoire. L'espèce est constituée par les êtres qui se ressemblent le plus à un moment donné ; elle n'a pas d'autre valeur que celle d'une race plus durable, et n'est, comme le genre ou les autres groupes de modifications, qu'une division arbitraire, à limites nécessairement indécises, puisque la métamorphose est continue et puisqu'il s'établit incessamment des passages d'une forme à une autre, dans cet enfantement perpétuel dont la nature organique offre constamment le spectacle.

Après avoir conclu que les animaux sont descendus seulement de trois ou quatre ancêtres, et les plantes d'un nombre égal ou moindre, l'auteur ajoute : « L'analogie me porterait à faire encore un pas en avant, c'est-à-dire à croire » que tous les animaux et les plantes descendent d'un seul prototype, mais » l'analogie peut être un guide trompeur (1). »

J'ai tenu à résumer d'un seul trait les principales propositions formulées par l'auteur, afin de ne pas les affaiblir en les isolant, et de faire mieux saisir l'ensemble de la doctrine. Je vais maintenant les reprendre une à une pour en discuter la valeur.

D'abord je m'étonne de voir refuser aux conditions cosmiques presque toute influence sur les modifications des types spécifiques.

Cependant, pour montrer jusqu'où M. Darwin porte sur ce point l'incré-dulité, je placerai sous les yeux de mes collègues le passage suivant. Après avoir constaté que la plus grande obscurité règne sur la question de savoir quels effets directs les différences de climat, de nourriture, etc., exercent sur les êtres vivants, l'auteur ajoute : « My impression is that the effect is extre-» mely small in the case of animals, but perhaps rather more in that of » plants (2). » Ainsi, l'effet produit par le climat, etc., serait *extrêmement petit* pour les animaux. Faut-il lire : *plus minime encore* pour les plantes? Je ne le pense pas. Un autre passage dissipe d'ailleurs toutes les incertitudes. Il est difficile, selon M. Darwin, d'apprécier dans chaque cas de variation ce qu'il faut attribuer à l'action directe de la chaleur, de l'humidité, de la

---

(1) *Loc. cit.*, p. 484.

(2) Mon impression est que l'effet est excessivement petit dans le cas des animaux, mais peut-être bien davantage dans celui des plantes.

G.   2

lumière, de la nourriture : « Mon impression, dit-il encore, est que pour » les animaux de tels agents ont produit de bien petits effets directs, *quoique* » *plus apparents dans le cas des plantes* (1). » En prenant cette dernière phrase comme l'expression de la pensée du savant naturaliste, je ne saurais m'associer à l'opinion qu'elle exprime. Pour moi, comme pour les deux Geoffroy Saint-Hilaire et la majorité des observateurs, l'influence des circonstances cosmiques sur les qualités des êtres vivants est aussi puissante que certaine. Sans doute, il ne faut pas demander aux agents physico-chimiques de faire, à l'exemple de la *sélection*, des espèces, des genres, des familles ou des classes ; mais il est indubitable qu'ils font des variétés et des races (2). Je n'en veux pas davantage.

Au reste, pour être logique, la doctrine de la sélection devrait accorder plus de valeur à l'action des milieux ambiants ; car, après tout, la sélection n'est qu'un choix inconscient ou raisonné, fait par la nature ou par l'homme ; et, pour que ce choix s'exerce, il faut qu'au préalable il y ait des modifications produites dans les êtres vivants ; il faut, en un mot, quelque chose à choisir. Or le procédé de la sélection est complétement étranger à la genèse des variations ; donc, de toute nécessité, il doit exister en dehors de lui des causes capables d'agir sur la plasticité des types organiques. Où trouver ces agents modificateurs, si ce n'est dans les forces naturelles et dans les substances qui leur servent de support ?

Au point de vue de leur mode de production, je ne vois que deux sortes d'altérations possibles des caractères morphologiques des êtres naturels : les unes lentes et graduées, rarement très profondes, sont amenées à la longue par l'action peu violente, mais soutenue, de conditions cosmiques particulières et déterminées ; les autres apparaissent brusquement, sans cause appréciable, ou du moins sans cause bien manifeste, et jettent tout à coup l'espèce dans des voies très divergentes par rapport à celle qu'elle suivait régulièrement. Les premières sont les variétés proprement dites, les secondes sont les monstruosités.

Celles-ci n'échappent pas plus que celles-là à la loi des actions réciproques que les forces diverses de la nature exercent les unes sur les autres. Les modifications soudaines et fugaces, désordonnées en apparence, qui constituent les monstruosités, sont soumises, quoique d'une manière plus obscure, aux influences des agents extérieurs. Ce serait une erreur de croire qu'elles ne procèdent que du hasard ou du caprice de la force plastique. Les expériences d'Ét. Geoffroy Saint-Hilaire, continuées et étendues par mon distingué collègue en biologie, M. Dareste, démontrent la possibilité de faire à volonté des

---

(1) *Loc. cit.*, p. 10. Je vois avec plaisir que le traducteur de l'*Origine des espèces*, Mlle Royer, professe sur ce point des opinions très différentes, et fort analogues à celles que je soutiens.　　　　　(*Note ajoutée pendant l'impression.*)

(2) Et même des *espèces*, telles que les adoptent la plupart des naturalistes.

monstres, en soustrayant une portion de l'œuf à l'action de l'air et des excitants naturels de la vie. Il est donc extrêmement probable que les monstruosités
dites spontanées reconnaissent également pour point de départ des conditions
matérielles défectueuses, mettant obstacle au développement complet du
germe, ou bien des distributions anormales des stimulants et des matériaux
de l'organisation, amenant l'irrégularité de la forme.

Par ces considérations, je me crois autorisé à conclure, sauf une plus ample
démonstration ultérieure, que toutes les déviations quelconques des types
vivants ont leur raison d'être dans l'intervention d'une ou de plusieurs forces
naturelles, diversement combinées. L'étiologie des altérations morphologiques
se réduit toujours, en dernière analyse, à une question de climat et d'hygiène.

C'est à tort que, méconnaissant ce rôle, en quelque sorte organisateur, des
agents physiques, on n'y voudrait voir que des instruments de destruction
pour les races vouées au rebut. Les influences extérieures, nous reviendrons
longuement sur ce sujet, impriment réellement aux êtres vivants des modifications déterminées par le sens de leur action. Ces modifications se transmettent
héréditairement et, pourvu que les conditions physiques ne changent pas,
elles s'accroissent jusqu'au point de constituer une variété plus ou moins
distincte et plus ou moins fixe.

Tel est le fait primitif et fondamental. La sélection, même entendue comme
le fait l'auteur de l'*Origine des espèces*, n'est qu'un fait secondaire dans l'ordre
des temps, secondaire aussi par l'importance.

Voyons maintenant si ce procédé peut donner tous les résultats qu'on se
plaît à lui attribuer.

Avant tout, il importe de distinguer de la sélection naturelle l'élimination
pratiquée par l'homme. Ce qui convient à l'une ne s'applique pas à l'autre.
L'intervention de l'homme est trop récente pour avoir eu une grande part
dans la physionomie des types organiques du monde actuel. D'un autre côté,
ses moyens d'action sont bien autrement puissants que ceux des espèces animales les plus destructives. D'ailleurs, M. Darwin s'appuie exclusivement sur
la sélection naturelle ; attachons-nous donc à cette dernière. Dans cette lutte
pour la vie (*struggle for life*) dont il est tant question, les êtres le moins
doués pour la résistance ou pour l'attaque sont, d'après l'auteur, destinés à
périr. A ne considérer que les individus, la proposition est fondée ; mais il
n'en est plus tout à fait de même si l'on envisage l'espèce dans son ensemble.
La durée d'une espèce repose, en effet, sur deux conditions principales et
diamétralement opposées : à savoir, les causes de destruction qui l'atteignent
et la fécondité qui lui est dévolue. Quand celle-ci répare à chaque instant
les désastres, l'espèce est sauve. Ainsi, de nos jours, comme au temps des
Romains et à des époques plus reculées encore, l'Atlas abrite à la fois les
grands carnassiers et leurs proies. La timide gazelle vit depuis des milliers
d'années, si ce n'est de siècles, à côté du lion dévorant. Le roi des animaux

prélève bien de temps à autre une innocente victime sur son peuple effrayé, mais une naissance vient aussitôt combler le vide, et l'équilibre entre la production et la consommation peut se maintenir indéfiniment, d'autant mieux que si la proie devenait plus rare, la gent carnivore, moins repue, serait aussi moins apte à la reproduction.

Les mêmes remarques s'appliquent également bien à tout autre exemple tiré du règne animal, en sorte que, pour rester dans le vrai, il serait juste de dire que les ennemis-nés des espèces faibles ne parviennent jamais à exterminer celles-ci, mais qu'ils les empêchent seulement de pulluler. Je doute que les rats surmulots, nouveau-venus dans les égouts de Paris, anéantissent jamais les rats noirs autochthones, bien qu'après des combats réitérés les vigoureux étrangers aient conquis de haute lutte leur droit de domicile dans la ville souterraine.

Des objections plus nombreuses encore se présentent quand il s'agit du règne végétal. Là les espèces n'agissent plus les unes sur les autres par des moyens de destruction directe; elles ne peuvent que se disputer le terrain, et la plus robuste se substituer partiellement à celle qui l'est moins. Encore que d'obstacles ne rencontrerait pas une pareille substitution? Supposons une seule année où les conditions météorologiques fussent particulièrement défavorables à l'espèce envahissante, aussitôt l'espèce expulsée regagnerait en partie ce qu'elle aurait perdu antérieurement.

D'ailleurs, il n'y a pas de race absolument supérieure sous tous les rapports. L'une est luxuriante de végétation, mais pauvre de semences; l'autre est maigre, mais d'une excessive fécondité; telle brave la sécheresse, qui redoute l'inondation, et vice versâ. D'où cette conclusion pratique : que souvent la plus robuste ne pourrait se maintenir, dans sa forme, là où de plus frêles réussissent, et qu'elle ne saurait être élue à l'exclusion de toute autre. Les plantes les plus ubiquistes et les plus prolifiques elles-mêmes ne se plaisent pas également en tous lieux et dans toutes les circonstances de sol et de climat. Sans cela des espèces cosmopolites, telles que le *Taraxacum Dens leonis*, finiraient par couvrir toute la surface du globe. Chaque type botanique ne prospère que dans certaines conditions déterminées, conditions plus ou moins strictes, plus ou moins élastiques au contraire, mais qui, en tout cas, imposent des limites à la dispersion des espèces conquérantes et réservent par là d'amples espaces de la superficie terrestre à celles qu'une organisation moins souple attache à leur centre primitif de création. Toujours est-il que nous ne voyons pas une plante en exclure absolument une autre. Je ne sache pas que l'*Erigeron canadensis*, devenu si abondant en Europe, ait fait disparaître l'une quelconque des nombreuses espèces qui croissent de tout temps sur les chemins et les lieux cultivés. On pourrait encore naturaliser dix mille espèces exotiques dans nos contrées, sans diminuer d'une seule unité les richesses de notre flore spontanée. Seulement, comme la matière est impénétrable, il est clair que le nombre des individus représentant les espèces aborigènes diminuerait proportionnellement à celui que répandraient sur le sol les espèces introduites du dehors.

En définitive, la sélection naturelle ne produit de toutes parts que des *restrictions* et non des *extinctions* de races.

En admettant que ce procédé pût, comme le veut la doctrine, renouveler à la longue la face des règnes organiques, il n'atteindrait donc ce résultat qu'en donnant naissance à des formes différentes et non en supprimant les anciennes. Eh bien ! voyons jusqu'à quel point la doctrine de la sélection naturelle pourrait nous rendre compte de la diversité des types actuels par ces métamorphoses continues et indéfinies, supposées chez les êtres vivants.

Rappelons-nous d'abord que la sélection proprement dite, qui procède par destruction, doit être mise hors de cause, car, ainsi que je le disais tout à l'heure, et comme M. Darwin le reconnaît lui-même quelque part, elle ne peut rien pour former des types nouveaux, elle n'est appelée qu'à supprimer certains d'entre eux. La question doit par conséquent rouler tout entière sur le rôle actif et direct des causes cosmiques dans la production des espèces.

A première vue, il semble bien difficile d'admettre que les circonstances extérieures, si diverses qu'on les suppose, puissent expliquer les différences profondes et l'infinie variété des types organiques. Quelle part, je le demande, le climat et les habitudes pourraient-ils prendre à la production d'une fleur anomale labiée ou en masque? Comment concevoir que les mêmes agents physiques déterminent à la fois la transformation d'un prototype en Rose et en *Orchis?* Telles sont les difficultés qui surgissent aussitôt à l'esprit et dont on ne trouve pas la solution dans le livre de M. Darwin.

D'un autre côté, si les agents physiques étaient les promoteurs réels de toutes les formes organiques qui peuplent la terre, les mêmes combinaisons de ces agents auraient dû produire des modifications semblables dans le prototype imaginé par les *monogénésiaques.* Or il n'en est rien.

En effet, cette identité de conditions climatériques existe parfois entre deux localités placées dans des hémisphères opposés, et qui devraient avoir des flores et des faunes identiques : c'est pourtant ce qui n'a jamais lieu (1), bien que la similitude des milieux soit telle, en certains cas, que les espèces d'une région se propagent dans l'autre avec une merveilleuse facilité et s'y maintiennent définitivement avec la même solidité que les aborigènes.

Il y a plus, chaque flore comprend des types morphologiques si profondément distincts les uns des autres qu'on s'étonnerait de les voir réunis dans une

---

(1) Les seules espèces communes à deux pays séparés par la longueur d'un méridien sont de celles qui vivent dans la mer et dont la dispersion à grandes distances est facilitée par l'élément liquide; ou bien de celles qui, telles que les Mousses alpines, ont dû occuper de vastes étendues pendant la période glaçaire. Je ne parle pas des plantes apportées par l'homme.

même contrée, si l'on raisonnait au point de vue de la *mono-* ou de l'*oligo-génèse*, et que leur coexistence dépose formellement contre la doctrine. En vain supposerait-on que les espèces spontanées sont loin d'être généralement indigènes, que chaque grand type de famille ou de classe a pris naissance dans une contrée du globe, pour de là se répandre en tous lieux, et que les flores et les faunes se composent ainsi de formes ayant les provenances les plus multipliées et les plus opposées. Tel climat aurait-il par hasard formé les Graminées, tel autre les Composées, les Légumineuses ou les Crucifères? Aucun fait d'observation, aucune raison sérieuse ne venant appuyer cette nouvelle hypothèse, la discussion scientifique n'aurait pas à en tenir le moindre compte.

Est-ce à dire pour cela qu'un climat très spécial n'exerce aucune influence sur les êtres vivants? Loin de moi cette pensée. Je démontrerai au contraire que cette influence est réelle : seulement elle ne saurait, à mon avis, se faire sentir que sur quelques-uns des caractères et sur les traits superficiels des espèces organiques, jamais sur cette manière d'être, intime et immanente, qui fait leur essence et qui tend invinciblement à les ramener à leurs formes primitives dès que l'action perturbatrice vient à cesser. Prenons, par exemple, la Nouvelle-Hollande. Là végétaux et animaux, tout a une physionomie singulière, sans doute, mais ces êtres n'ont pas une organisation fondamentalement différente de celle des autres animaux et des autres plantes. Le dromée se place naturellement à côté du casoar et non loin de l'autruche ; les kanguroos auprès des sarigues ; les *Mimosa* à la suite des nombreuses espèces du genre. Ce qu'a pu donner le continent australien, c'est le plumage presque piliforme aux oiseaux, c'est l'avortement des folioles et la formation des phyllodes chez les Mimeuses, ce sont des différences d'ordre spécifique ou sous-générique seulement.

En réalité, M. Darwin ne parvient pas à prouver qu'il se produise, dans la nature, des modifications typiques plus considérables sous l'empire de la sélection (1). Les altérations plus profondes, il les admet par analogie; et, quand il se laisse entraîner jusqu'à entrevoir l'origine commune de tous les êtres vivants, il se montre évidemment plus épris de la simplicité séduisante du procédé que soucieux de la sévérité des preuves expérimentales.

Si c'était ici le lieu de discuter à fond le traité de l'*Origine des espèces*, il serait facile de montrer qu'à côté d'un grand nombre de faits exactement observés et d'inductions logiques, dont la doctrine de la *variabilité restreinte* fait naturellement son profit, il existe beaucoup d'interprétations contestables, ou même de vues purement conjecturales qui échappent entièrement au contrôle de l'expérience.

---

(1) Tous les dérivés du *Columba Livia*, si bizarres qu'ils soient, sont restés tout simplement des pigeons ; ils ne feraient pas la plus légère illusion au plus vulgaire observateur, qui les reconnaîtrait à première vue pour ce qu'ils sont réellement.

L'ouvrage de l'éminent naturaliste n'en est pas moins l'un des plus remarquables de notre époque et des plus utiles à consulter pour les excellents matériaux qu'il renferme. Il fourmille de fines observations, d'aperçus ingénieux, et chaque page exhale un parfum de loyauté et de conviction réfléchie qui donne la meilleure opinion de l'auteur. On comprend qu'avec de pareilles qualités, ce livre intéressant ait conquis à la doctrine de la sélection un bon nombre d'esprits des plus distingués, de ceux principalement qui répugnent aux choses extranaturelles et qu'effraie à tort le mot de création.

L'hypothèse d'un point de départ unique dans un prototype, simple de structure, microscopique d'étendue, semble à beaucoup de penseurs plus facile à concevoir que celle de créations successives, faisant surgir tout à coup des êtres compliqués et volumineux, tels qu'un éléphant ou un *Sequoia*. En fait de création, ni la dimension, ni la perfection de l'œuvre ne font rien à la difficulté : « Donnez-moi le moyen de fabriquer une cellule, disait M. Raspail, » et je me charge de refaire le monde organisé. » Soit, mais là gît précisément l'impossibilité. La création d'un *Protococcus* ou d'un protozoaire est un miracle aussi bien que celle d'un mammifère ou d'un arbre. C'est la faiblesse de notre intelligence qui nous fait envisager la chose autrement.

Certes, si nous réfléchissions à la multiplicité des actes et conséquemment des organes, ou du moins des aptitudes de la matière dans une monade, nous serions plus émerveillés de voir tant de choses réunies dans une molécule matérielle, que nous ne le sommes de l'organisation des êtres massifs, et nous trouverions plus difficile peut-être de réaliser l'un que l'autre.

Une montre de moyenne grandeur n'est qu'un instrument vulgaire ; un chronomètre de Bréguet, enfermé dans le chaton d'une bague, est un chef-d'œuvre.

D'ailleurs, à considérer les choses de haut, la masse perd toute valeur. Supposez un géant, à la taille monstrueusement colossale, au regard d'une prodigieuse pénétration, assis au sommet de l'Himalaya et contemplant à ses pieds la fourmilière des peuples de l'Inde et de la Chine : combien l'humanité lui semblera chétive ! L'homme en était-il plus facile à créer ?

IV

Le plan normal de la nature exprime, à mes yeux, la subordination des organismes aux lois qui gouvernent la matière en général, et la réalisation de la vie sous des conditions déterminées d'avance par des forces supérieures et antérieures à son apparition.

Si nous avons pris à partie les opinions de M. Darwin, ce n'est pas que l'auteur du *Traité de l'origine des espèces* ait édité pour la première fois la doctrine de la monogénèse et qu'il en soit seul responsable, mais bien parce que son livre en est la plus récente et la plus fidèle expression.

Ainsi que je l'ai dit antérieurement, les idées de M. Darwin sont à peu près celles de M. Wallace et de tant d'autres. Frédéric Gérard les avait exprimées en France dès longtemps dans le *Dictionnaire universel d'histoire naturelle*. Les uns et les autres ont eu pour devanciers Buffon, dans une certaine partie de ses écrits, Gœthe et surtout Lamarck, chez qui la doctrine a revêtu une forme plus arrêtée et plus hardie.

L'auteur de la *Philosophie zoologique* a exposé la théorie de l'origine commune des êtres avec beaucoup de développements, et l'on peut dire qu'il a touché à toutes les grandes questions qui s'y rattachent ; souvent même il a rencontré des vues ou des solutions partielles qui se retrouvent, sous une forme presque identique, dans le livre de M. Darwin. Fréd. Gérard mérite d'être cité au même titre, car il s'appuie sur les phénomènes géologiques aussi bien que l'auteur anglais sur les idées de M. Lyell. Une telle conformité n'a rien de surprenant ; les aspects sont les mêmes pour qui se place au même point de vue ; néanmoins cet accord ne laisserait pas que d'agir sur des convictions peu réfléchies et sur des esprits moins libres chercheurs que soumis à l'inspiration magistrale. Par bonheur, de notre temps, on ne jure plus d'après les autorités, on apporte des raisons ; on ne se contente plus de vues spéculatives, on exige des preuves de fait. N'est-ce pas au nom de l'observation que la monogénèse elle-même prétend réformer les vieilles erreurs des ontologistes ? Or la doctrine de la *sélection*, fondée en ce qui concerne l'existence même du procédé naturel ou artificiel désigné sous ce nom, vérifiée aussi pour un grand nombre de points accessoires, est complétement en dehors de l'observation dans ses dernières visées. A côté des conjectures qu'elle émet, d'autres conjectures peuvent s'élever avec le même degré de vraisemblance. Hypothèses pour hypothèses, il est donc permis de choisir celles qui nous répugnent le moins, de donner la préférence aux interprétations qui s'accordent le mieux avec nos principes philosophiques ou bien avec les résultats de notre expérience personnelle. C'est le cas, ou jamais, de pratiquer à notre profit la *sélection consciente* dans l'ordre des idées.

Et, puisque la mutabilité indéfinie échappe à toute démonstration directe, puisqu'elle est contredite d'avance par la loi de réversion au type ancestral, on ne trouvera pas mauvais que nous refusions de suivre les monogénésiaques dans cette voie d'aventures où ils se lancent en quelque sorte à corps perdu.

En nous arrêtant au seuil de la fantaisie et nous attachant aux légitimes inductions tirées de l'observation et de l'expérience, nous dirons : Il n'est pas absurde de croire que toutes les formes actuelles dérivent d'un seul type primitif ; mais, si la chose n'est pas absolument impossible, rien ne prouve qu'elle soit ; plusieurs raisons concourent même à faire admettre qu'elle n'est pas. Les variations morphologiques des êtres vivants n'en sont ni moins réelles, ni moins incontestables pour cela ; la variabilité est même beaucoup plus grande qu'on ne l'imagine généralement, sans cesser pourtant d'être limitée, ce qui rend probable que la plupart des types actuellement existants ont une origine distincte. Telle est ma conclusion finale.

D'ailleurs, la théorie de l'origine commune des êtres est grosse de conséquences embarrassantes, niées ou méconnues par ses partisans et cependant inévitables. Si les organismes supérieurs du monde actuel ne sont autres que le prototype simple des premiers âges, compliqué et perfectionné avec le temps, d'où viennent donc ces milliers d'espèces inférieures qui forment pour ainsi dire les bas-fonds des deux règnes, et dont les instruments grossissants peuvent seuls nous révéler l'existence ou nous démontrer la structure ?

L'objection, posée avant nous (1), ne peut être levée sans ébranler l'édifice de la monogénèse. On ne comprend pas, en effet, l'immutabilité perpétuelle d'un type dans la doctrine de la mutabilité incessante et indéfinie. M. Darwin a beau s'extasier sur l'admirable complication des infusoires de ce temps-ci, beaucoup d'animalcules de la même classe, dont les tests composent des bancs puissants de l'écorce du globe, ne le cédaient pas en perfection, d'après le témoignage d'Ehrenberg lui-même, à nos *polygastriques* contemporains. Sans parler des échelons intermédiaires de l'animalité, il y a donc une multitude d'êtres qui, depuis des myriades d'années ou de siècles, n'obéissent pas à cette impulsion de progrès qui emporterait, dit-on, toutes les espèces dans les sphères plus élevées du perfectionnement organique. Je cherche vainement la loi, en présence de si nombreuses et si flagrantes exceptions.

Ou si, comme le voulait Lamarck, ce sont des générations dites spontanées qui, de toutes parts et à chaque instant, font éclore des êtres si infimes, que devient la *génésophobie* de nos savants contradicteurs, forcés d'admettre de véritables créations au nombre des phénomènes permanents de la nature organique actuelle ?

La monogénèse porte encore dans ses flancs une autre difficulté qu'il est impossible de dissimuler, et qu'il faut aborder franchement. Du moment où les formes existantes sont éminemment instables ; où les types actuels n'ont rien d'essentiellement distinct ; du moment enfin où ce ne sont que des accidents de la morphogénie universelle, l'espèce, à vrai dire, n'existe plus. Des hommes autorisés n'ont pas reculé devant cette conséquence logique. M. Darwin est de ce nombre ; mais, avant lui, Lamarck, Fréd. Gérard et le grand géologue belge, M. d'Omalius d'Halloy, avaient formellement conclu à la négation de l'espèce considérée comme entité réelle, la réduisant à la valeur d'un groupe systématique, moins compréhensif que le genre ou la classe, mais tout aussi indéterminé et tout aussi artificiel que ces derniers.

____

(1) MM. Bronn, en Allemagne, H.-C. Watson, en Angleterre, et le professeur Pictet, de Genève, ont combattu la doctrine de la sélection par des arguments d'une grande valeur.

Que ce vague et cette incertitude des choses de la nature répondent mal à l'idée d'ordre et de durée qui s'attache aux œuvres de la création, qu'ils jettent même le trouble dans nos esprits étonnés : affaire de sentiment; je n'ai pas à m'en occuper. Mais ce dont je ne saurais faire aussi bon marché, c'est de l'ensemble des raisons qui militent en faveur de l'entité réelle des types organiques.

La réalité concrète des espèces serait établie si l'on parvenait à prouver que chacune d'elles a été créée indépendamment des autres. A défaut d'une pareille démonstration qui est au-dessus de nos moyens, diverses considérations se réunissent pour nous faire envisager de cette manière l'origine des êtres vivants. De ce nombre sont la fécondité continue des types purs opposée à la stérilité ordinaire des hybrides, et la transmission héréditaire, indéfinie, des qualités morphologiques et autres, chez les animaux ou les plantes dont nous suivons les générations successives. En sorte que, si l'on étend à la durée du monde les résultats constatés pendant quelques vies d'hommes, on est conduit à dire, avec Cuvier et M. Flourens, que les individus qui composent une espèce peuvent être considérés comme issus d'un couple unique.

D'autre part, les phénomènes d'atavisme, joints à l'aptitude de chaque utricule à conserver virtuellement les propriétés de l'individu tout entier et à les manifester de nouveau dans des conditions convenables, établissent nettement, à mon avis, la séparation de l'essence et de la forme; la première restant immuable, malgré la variabilité de la seconde.

Consultez le grand ouvrage de M. Godron sur l'espèce (1), vous serez édifiés sur la constance des formes organiques depuis les temps historiques les plus reculés. Je dis *constance* et non pas immutabilité, car la forme spécifique ne reste pas identique avec elle-même à travers le temps, ni surtout à travers l'espace. Modifiable selon la période géologique, elle varie certainement d'un moment à l'autre, non dans la masse des individus qui constituent l'espèce, mais dans quelques-uns d'entre eux; seulement elle retourne à son ancien mode, ou manifeste sa tendance à la réversion, comme le ressort sur lequel s'exerce une pression momentanée.

L'Océan non plus n'est pas immobile entre les continents; sans parler des ouragans qui le bouleversent de fond en comble, il est incessamment agité par le flux ou le reflux, ce qui ne l'empêche pas de rester enfermé dans ses limites et d'être constant à ce point que les astronomes ont soumis au calcul ses moindres oscillations. En dehors des monstruosités, qui sont les tempêtes morphologiques, la forme d'une espèce oscille de même autour de son type personnel; mais elle est assujettie à parcourir toujours le même arc ou la même

---

(1) D.-A. Godron. *De l'espèce et des races dans les êtres organisés, et spécialement de l'unité de l'espèce humaine.* Paris, 1859.

figure de révolution, et, quoi qu'en dise la monogénèse, ses déviations accidentelles ne l'entraînent jamais, sans retour, dans une hyperbole sans fin.

Ainsi, l'essence subsiste sans altération. Seule la forme se modifie temporairement ou mieux provisoirement, car la durée n'est qu'une circonstance secondaire; ce qui caractérise le fait, c'est la réversibilité. Une forme acquise peut se maintenir depuis quelques années jusqu'à une période géologique tout entière, mais, en admettant que l'ensemble d'un archétype offre aujourd'hui une physionomie sensiblement différente, je me crois fondé à soutenir qu'il serait possible de le ramener à son état primitif, en restituant les conditions cosmiques anciennes et les laissant agir pendant une suite de siècles, équivalente à l'âge actuel de l'espèce.

La monogénèse argue contre nous de l'embarras extrême où l'on se trouve pour séparer les espèces dans ce qu'on nomme les *genres par enchaînement*. A cela je répondrai que la difficulté serait singulièrement amoindrie si l'on avait fait le travail préalable, instamment recommandé par Linné, de réunir toutes les variétés à leurs types spécifiques. On trouvera d'ailleurs plus loin des règles destinées à fournir la solution du problème.

Les partisans de la monogénèse se font encore une arme des divergences des ontologistes: le nombre des espèces, disent-ils, n'ayant rien de fixe, et chaque descripteur le multipliant ou le restreignant à son gré. Cette objection n'est que spécieuse. Elle équivaut à la constatation pure et simple de l'état d'imperfection de nos connaissances actuelles, mais elle ne prouve rien contre l'origine distincte des types. De ce que les hommes n'ont pas su jusqu'ici démêler les véritables espèces, ou de ce qu'ils les ont trop scindées, il ne s'ensuit pas qu'il leur soit défendu à tout jamais d'en définir les limites, ni encore moins qu'on soit autorisé à nier les entités spécifiques.

Une autre prétention de la doctrine monogénésiaque, c'est de nous rendre un service signalé en nous délivrant d'un être de raison qu'on appelle le *plan général de la nature :* chimère trop longtemps caressée par les naturalistes idéologues. Elle explique plus simplement, dit-elle, les affinités ou les similitudes d'organisation en nous montrant que tous les êtres proviennent les uns des autres par des modifications progressives qu'en faisant intervenir une prétendue conformité de plans imaginaires suivis par le Créateur. Voyons si le service qu'on croit nous rendre est aussi méritoire qu'il le paraît.

Cette analogie fondamentale des êtres, cette uniformité dans l'ordonnance générale du corps des animaux ou des plantes, qui s'appelle *plan normal, ordre essentiel*, n'est-elle donc, comme on l'a dit, que l'expression des *catégories de la pensée créatrice?* Si je croyais la science moderne condamnée à s'en tenir à cette formule, sous peine d'embrasser les errements de la monogénèse, je verrais dans cette circonstance une condition d'infériorité pour la polygénèse que je défends, ainsi qu'une présomption de succès pour la doctrine adverse. Mais tel n'est pas le cas. L'*unité de composition*, exposée avec tant de supériorité par Étienne Geoffroy Saint-Hilaire, n'est pas simplement une manière de concevoir certains rapports d'organisation entre les différentes espèces de la série zoologique; elle possède une réalité plus concrète et trouve sa raison d'être, sa nécessité même, dans les conditions cosmiques où se développe l'animalité.

Les êtres vivants, ayant été créés postérieurement à la matière brute et aux forces qui la régissent, devaient subir les influences du milieu qui leur était imposé. Formés de matières soumises, malgré la vie, à l'empire des forces générales de la nature, leur organisation ne pouvait manquer de refléter les lois physiques. De cette domination exercée par les agents physiques sur la vie découlent, pour l'anâtomie et la physiologie, en un mot pour l'organisation, des règles générales auxquelles les deux règnes sont également assujettis.

Par exemple, il est aujourd'hui reconnu par tous les physiciens qui se sont occupés de la *corrélation des forces* (1) que la chaleur est l'intermédiaire le plus efficace pour établir des relations entre les divers agents-principes de la nature, c'est-à-dire pour mettre en jeu les autres forces, et que l'action chimique est le meilleur moyen de faire évoluer de la chaleur. Il est clair, d'après cela, que les machines animées qu'on appelle mammifères, oiseaux, reptiles ou poissons, etc., devaient trouver la source de leurs forces dans les combinaisons, spécialement dans la combustion, la plus vive de toutes, et dont l'agent principal, l'oxygène, est répandu partout à profusion.

Cette première condition en entraînait beaucoup d'autres à sa suite. Il fallait non-seulement des combustibles, mais des appareils adaptés au travail chimique de l'oxydation. La forme de ceux-ci pouvait varier : elle est effectivement très diverse, selon les classes animales, mais les principes de leur construction devaient reposer sur un petit nombre de lois qui gouvernent la matière brute aussi bien que l'autre. Et, comme les actions moléculaires ne se passent qu'à des distances excessivement petites, il fallait bien que les corps destinés à agir les uns sur les autres fussent mis en présence, ou même en contact. Pour faire pénétrer l'air dans l'intérieur du corps, il y avait à profiter de la pression atmosphérique, d'où le mécanisme du soufflet respiratoire, réalisé, avec des variantes, chez tous les animaux supérieurs; ou bien à utiliser l'oxygène en dissolution dans l'eau, d'où les organes proéminents qu'on nomme branchies.

La combustion devant être la source de toute force, chez des êtres ambulants et libres, il devenait indispensable aussi de les douer d'une cavité inté-

(1) Consultez principalement sur ce sujet : MM. Grove, Hirn, Joule, Meyer, Séguin, etc. J'ai moi-même exposé longuement cette théorie, dans ses applications à l'économie humaine, dans un cours de pathologie générale professé à l'École de médecine (1858-59, suppléance de M. le professeur Andral), et depuis, M. J. Béclard a publié un excellent mémoire sur un point fondamental de la question.

rieure servant de réservoir alimentaire ; le canal digestif reçut cette destina-
tion. Voilà, par conséquent, des points essentiels de la conformation générale
des animaux, qui étaient commandés par ce seul fait que les actions chimiques
sont ici-bas le moyen le plus commode de développer et d'emmagasiner de la
force.

Il serait aisé, remarquons-le bien, de concevoir la machine animale fondée
sur de tout autres principes. Admettons, pour un instant, qu'en vertu d'une
modification des lois primordiales de la nature, la force dont un organisme a
besoin puisse lui être intégrée directement par la radiation solaire ; alors l'atmosphère devient inutile, les divers appareils respiratoires restent désormais
sans but. La surface du corps recevant les ondes calorifiques et lumineuses en
condensera la force, ou bien, dans une autre hypothèse, s'imprégnera de la
substance impondérable qu'Aristote avait sans doute en vue lorsqu'il parlait
du *diaphane* (1), qu'on nomme actuellement l'*éther* et dont les divers modes
de vibration donneraient lieu aux phénomènes de chaleur, de lumière et
d'électricité. De cette manière, l'organisme se trouvera chargé. Pour obtenir
ce résultat, il suffirait de dispositions physico-chimiques que l'imagination
conçoit sans trop d'efforts en présence des phénomènes aujourd'hui bien
vulgaires, mais toujours merveilleux de la plaque daguerrienne. La nutrition
pourrait, à la rigueur, s'exécuter d'une manière analogue par des courants
de molécules matérielles introduites concurremment avec celles des fluides
impondérables.

A ce compte, des êtres pensants et doués d'organes sensitifs et locomo-
teurs, mais, bien entendu, autrement organisés que les animaux telluriens,
pourraient vivre sur des planètes dépourvues d'atmosphère. Il ne serait donc
pas impossible que de tels êtres existassent dans la lune et dans un astre
quelconque privé d'enveloppe gazeuse ou muni d'une enveloppe de gaz
inerte.

Dans cette même hypothèse d'une intégration directe des forces, sans l'intermédiaire des actions chimiques et de la chaleur, le tube digestif et ses
annexes, les différents appareils respiratoires et ceux de la circulation qui en
sont le complément, se trouvent supprimés à la fois.

Ainsi, des parties essentielles de l'organisme sont subordonnées non-
seulement quant à leur modalité, mais même quant à leur existence, à
un fait purement physique. Il en est de même pour tous les autres éléments de l'organisation. L'appareil locomoteur doit en partie sa structure à

---

(1) On lit avec étonnement dans la *Psychologie* d'Aristote (voy. l'excellente traduction
et les notes savantes de M. J. Barthélemy Saint-Hilaire ; Paris, 1846) des considérations
générales sur le mécanisme des couleurs, des sons et des odeurs, qui dénotent, de la
part du grand philosophe de l'antiquité, des vues synthétiques aussi larges que celles
qui, sous les noms de *théorie de l'éther* ou de *théorie de la corrélation ou de la transformation des forces physiques*, semblent le couronnement de la science moderne.

la préexistence de la gravitation universelle : l'usage des leviers suppose un point d'appui. Tandis que si, par impossible, l'attraction était anéantie, ou si un organisme se trouvait dans le vide céleste, à égale distance de toute masse gravitante, sans pesanteur, et conséquemment dans une sorte d'indifférence vis-à-vis du reste du monde, le mécanisme des leviers et des poulies lui serait inapplicable. Son déplacement pourrait alors s'effectuer en vertu d'une rupture d'équilibre, produite par un procédé quelconque, dans la tension de l'*éther* ambiant, ou bien à l'aide de courants attractifs et répulsifs, improvisés dans les êtres avec lesquels cet organisme se trouverait en rapport. Ici encore l'appareil est visiblement subordonné à une condition matérielle.

Le règne végétal, à son tour, nous offre de semblables connexions entre les forces générales de la nature et l'organisation des plantes. La couleur verte des parties herbacées, par exemple, est en rapport avec les qualités spéciales du rayon vert du spectre lumineux. Nulle couleur, aussi bien que le vert, ne se prêtait à la décomposition de l'acide carbonique en ses éléments. Au reste, le rôle d'appareils réducteurs, dont les végétaux sont chargés dans l'économie du monde organique, étant le corollaire de la disposition inverse chez les animaux, dépend encore indirectement du fait primordial auquel se rattachent les dispositions fondamentales de l'organisation dans l'autre règne, à savoir que la chaleur est le meilleur trait d'union entre les forces générales de la nature. Si nous descendions aux détails de la question, nous rencontrerions les mêmes nécessités, la même subordination des organismes aux forces physiques, la même harmonie entre les deux ordres de phénomènes du monde vivant et de la matière brute. Il me serait facile de poursuivre le cours de cette démonstration. Sans renoncer pour l'avenir à ce travail séduisant, je me contente pour le moment de dévoiler ce nouvel horizon et d'appeler de ce côté les méditations de mes collègues.

Une comparaison fera mieux saisir ma pensée sur la similitude fondamentale des êtres vivants, rendue par ces mots d'*ordre essentiel*, de *type général*, d'*unité de composition*. Quels que soient les aspects divers des monuments égyptiens, grecs, romains, gothiques ou composites, leurs ressemblances, quand on veut aller au fond des choses, sont plus grandes encore que les différences des ordres architectoniques. Au milieu de la diversité des styles, il y a quelque chose de nécessaire et de constant, à quoi l'imagination la plus hardie, le génie le plus inventif ne sauraient soustraire l'art de bâtir : c'est de faire des murs, sinon verticaux, témoin la tour de Pise, du moins établis de telle sorte que la verticale abaissée du centre de gravité tombe dans l'intérieur du périmètre de la base : c'est de ménager des ouvertures pour le passage de la lumière et de l'air, vu que les matériaux sont opaques et imperméables : c'est encore d'utiliser la pesanteur, en respectant ses lois, pour établir des cintres au-dessus de ces solutions de continuité. Toutes ces conditions essentielles se retrouvent forcément dans les monuments de tous les âges et de tous les peuples. Eh bien ! la conformité de structure fondamentale qui se remarque dans la série des êtres vivants était exigée par les lois physiques, comme les principes fondamentaux de l'architecture. Le *plan normal de la nature* exprime à mes yeux la subordination des organismes aux lois qui gouvernent la matière en général, et la réalisation de la vie (1) sous des conditions déterminées d'avance par des forces supérieures et antérieures à son apparition. Dès lors, l'unité de composition s'explique selon les lois naturelles dans la doctrine de la polygénèse aussi bien que dans la *théorie de l'origine commune*, et nous n'avons que faire de la solution qui nous est offerte par les monogénésiaques.

V

Si l'organe fait la fonction,...... une exigence fonctionnelle entraîne à son tour une modification organique correspondante.

Les conditions auxquelles s'astreignait la puissance divine, lors de la création des premiers êtres vivants, sont encore celles qui régissent les modifications acquises temporairement par les types organiques du monde actuel. Cette vérité ressortira clairement de l'aperçu que nous allons tracer des causes et du mécanisme de production des variations dont la réalité se trouve précédemment établie.

La sélection, qu'il ne faut pas confondre en ce cas avec la monogénèse, s'inquiète fort peu des causes déterminantes des altérations morphologiques : elle se contente de supposer une déviation du *nisus formativus*, presque aussi fortuite et inexplicable que l'étaient autrefois ces bizarreries de la nature mises sur le compte d'une force vitale capricieuse et déréglée, et qui, grâce au travail classique d'Isidore Geoffroy Saint-Hilaire, constituent la science moderne de la tératologie. Soutenir contradictoirement que rien ne se produit en opposition avec les lois de la nature; que l'anomalie n'est autre chose qu'un phénomène naturel, soumis à des combinaisons de conditions génératrices, *extraordinaires* dans le sens grammatical du mot, c'est plaider une cause gagnée. Les irrégularités de la force plastique, aussi bien que les autres, sont susceptibles d'être ramenées à des lois qu'il convient de rechercher, et ces lois, nous le savons d'avance, sont celles de la physiologie. Les circonstances modificatrices sont, par conséquent, les agents naturels dont nous allons étudier l'influence sur la variabilité des types.

Avant de pénétrer dans le domaine de l'observation positive, je ne puis cependant résister au désir d'ajouter une hypothèse à toutes celles qui ont été émises pour expliquer les transformations des types, à partir de la création.

(1) C'est-à-dire des êtres vivants.

Dans un grand nombre d'espèces botaniques et zoologiques, les individus sont sujets à de véritables métamorphoses connues de toute antiquité. La science moderne, allant plus loin, a constaté des changements analogues, se produisant dans les deux règnes par l'intermédiaire de la reproduction, ce qui constitue les *générations alternantes*. Ne serait-il pas possible que certaines espèces, en apparence constantes, fussent réellement dimorphes ou polymorphes, mais que les transformations du type, au lieu de se produire à chaque génération, ne se manifestassent que tous les dix, tous les vingt ans, tous les siècles, et même à des intervalles plus longs encore? Tellement qu'un type pour ainsi dire immuable pendant une fraction plus ou moins considérable d'une période géologique, ou même durant une période géologique tout entière, fît place ensuite à un autre type entièrement différent, et dont rien, anatomiquement du moins, ne ferait soupçonner la filiation par rapport au premier.

Je n'insiste pas sur cette vue conjecturale, que je livre pour ce qu'elle vaut, et je me hâte d'arriver à l'action des causes extérieures sur les variations morphologiques des espèces. Cette question réclame une étude d'ensemble fondée sur des recherches multipliées et approfondies. Je ne puis émettre ici que des considérations générales et poser quelques jalons, me réservant de publier ultérieurement les résultats de mes investigations sur plusieurs points circonscrits de ce vaste sujet.

Les causes modificatrices de la matière organisée vivante, négligées par les partisans de l'immutabilité presque absolue des types, n'ont été convenablement appréciées que par ceux qui admettent la variabilité restreinte, ou par les monogénésiaques, qui, sous ce rapport, ont bien mérité de la science. Lamarck, Étienne et Isidore Geoffroy Saint-Hilaire, Fréd. Gérard ont insisté sur cet ordre de faits et accordé l'importance qu'elles méritent aux conditions de nourriture, d'habitat, de climat. En faisant l'application de ces données au cas des animaux domestiques, plusieurs auteurs ont émis, selon moi, des propositions erronées, contre lesquelles il importe d'autant plus de se prémunir que les règles déduites de l'observation des êtres placés constamment sous nos yeux sont ensuite appliquées à l'ensemble des règnes organiques.

On a dit que la domesticité créait des genres de vie bien plus différents que ne fait l'état sauvage. Or, à part les habitudes communiquées par l'éducation, c'est justement l'inverse qui est vrai. En effet, combien sont variables les circonstances de température et d'humidité, suivant le jour et la nuit, suivant la contrée géographique sous des parallèles peu éloignés, suivant l'époque de l'année dans chaque lieu. Par la domestication, les animaux échappent en grande partie à ces vicissitudes; chaque nuit les étables les abritent; les bestiaux ne quittent même plus leurs toits pendant la rude saison. Ensuite, sous la protection de l'homme, il n'y a plus pour eux ces alternatives de superflu et de disette que les rigueurs de l'hiver ou les ardeurs de l'été amènent périodiquement dans les régions glacées ou dans les pays brûlés du soleil. La nourriture est abondante, mais réglée ; il n'y a ni excès ni famine.

. Les qualités mêmes des aliments sont sensiblement pareilles sous des latitudes assez différentes. Les prairies artificielles sont formées à peu près des mêmes essences au nord et au midi de l'Europe, et, quant aux prairies naturelles, l'industrie humaine tend à les rendre presque semblables, en ce que l'irrigation artificielle venant humecter celles qui sont trop arides, et le drainage, ou tout autre système, assécher celles qui sont trop mouillées ou marécageuses, le tapis végétal y devient, pour ainsi dire, uniforme. Je ne parle pas des amendements, qui finiront par effacer les distinctions des sols en siliceux et calcaires.

Au résumé, l'homme s'ingénie partout pour se garantir des injures des éléments. Ici, il se barricade contre le froid, là, contre la chaleur, ailleurs contre l'humidité ou la sécheresse extrêmes. Il se confine, au besoin, dans une atmosphère restreinte, afin d'échapper aux causes de maladie ou de destruction qui le menacent, et les êtres associés à son existence participent à ces conditions tutélaires. Les animaux domestiques, en particulier, sont soumis à des influences plus uniformes que leurs espèces à l'état sauvage.

L'excès de nourriture des animaux domestiques et des plantes cultivées, n'étant qu'un fait exceptionnel, ne saurait être, comme le veut Andrew Knight, la source de toutes les variations observées chez les uns et les autres. J'accorderai que l'alimentation excessive puisse être, dans certains cas, un facteur dont il faille tenir compte, mais je maintiens que la variabilité des races soumises à l'empire direct de l'homme tient à d'autres causes que la plus grande diversité des conditions physiques qui leur sont faites. Ces causes, il faut les chercher surtout dans l'action lente des habitudes imposées aux animaux par leurs maîtres et dans l'intervention du choix volontaire de l'homme qui, par mode ou autrement, préfère en certains temps des formes qu'il négligera plus tard. Le carlin s'en va, le chien-loup se propage. Il en est de même des preneurs-de-rats, devenus tout à fait indispensables à Paris depuis l'invasion des surmulots et la longanimité des chats nourris dans une molle oisiveté. L'*entraînement* et la *sélection méthodique* prennent une large part à la production des races domestiques.

Cette cause n'est pas la seule ; l'hybridation, d'après MM. Darwin et Giebel, serait un élément puissant de variabilité chez les chiens, qui proviendraient originellement de deux espèces sauvages distinctes. La métisation de deux races géographiques de la même espèce peut sûrement, dans une certaine mesure, augmenter la flexibilité des types.

Voici comment je conçois l'étiologie des variations chez les animaux domestiques. Le défaut d'exercice, d'aération et d'insolation constitue une cause prédisposante de ces déviations typiques. En affaiblissant et en amollissant les organismes, il les rend plus ductiles et les prépare à recevoir l'empreinte des agents extérieurs.

La métisation, intervenant à son tour, affolerait les espèces ; puis les agents cosmiques, agissant en qualité de cause occasionnelle, détermineraient le sens et l'étendue des écarts. Enfin, parmi les variations produites, l'homme ferait choix de celles qu'il lui plairait de propager. Ainsi se formeraient et s'accuseraient de plus en plus, par l'hérédité, les races si nombreuses et si diverses des espèces domestiques.

Quant aux animaux et aux plantes qui restent à l'état sauvage, ils sont soumis à des influences analogues : seulement, en l'absence de la sélection volontaire exercée par l'homme, leurs variations sont moins nombreuses, moins dissemblables et plus lentes à se former.

Quand on étudie, au point de vue étiologique, les diverses modifications des types spécifiques, on ne tarde pas à reconnaître que chaque déviation se rencontre au milieu d'un concours de circonstances toujours semblables, et que des conditions extérieures différentes engendrent des formes également distinctes. Quelle est la part de chaque élément dans le résultat commun ? C'est ce que nous aurons à préciser plus tard ; mais, dès à présent, le rapport de causalité est au-dessus de toute contestation. Le sens de la déviation est si bien déterminé pour chaque groupe de conditions cosmiques, qu'étant donnée une variété d'un type quelconque, il sera souvent facile de remonter à l'ensemble des circonstances de climat et de terrain au milieu desquelles elle s'est produite. Empruntons nos exemples au règne végétal, nous verrons qu'une série de modifications typiques, engendrées par les diverses conditions d'existence des plantes, peut se rencontrer dans toutes les espèces indistinctement.

Un sol riche, ombragé et humide, élève la taille, fait prédominer les parties foliacées sur les organes reproducteurs, etc. Chaque espèce possède ainsi une variété *umbrosa*.

Un terrain sableux, aride, l'exposition en plein soleil produisent des effets opposés : brièveté de la taille, sécheresse des tissus, coloration plus intense, villosité plus prononcée. Lamarck et Linné ont déjà noté le fait.

Lorsque les excitants et les aliments de l'organisme font simultanément défaut, les dimensions des individus se trouvent tellement réduites qu'il en résulte des *nains*. Mais, suivant les combinaisons de circonstances qui ont amené cette excessive diminution de la taille, les plantes naines offrent une physionomie différente. Ont-elles été étouffées, pour ainsi dire, au milieu d'espèces plus vigoureuses, comme l'*Hypericum humifusum* dans les blés : alors les individus sont grêles, à tiges filiformes, simples, pauciflores. C'est la variété *segetalis*, qui mériterait mieux encore le nom de *famélique*.

Est-ce, au contraire, la chaleur qui a manqué ou le vent qui a sévi : la plante, rabougrie, déprimée, semble ne pouvoir se détacher de la terre, qui la nourrit, l'échauffe et l'abrite. Elle est constituée par une simple rosette de feuilles, du milieu de laquelle se détache à peine un axe florifère, raccourci, portant deux ou trois fleurs en apparence sessiles. C'est la variété *alpine*, que je proposerai d'appeler *frimaire*, parce qu'elle se rencontre ailleurs que sur les sommités montueuses et qu'elle appartient à beaucoup d'espèces précoces de nos contrées.

L'immersion continue dans l'eau détermine aussi des changements remarquables chez beaucoup d'espèces végétales. Les feuilles s'allongent, en tous cas, et se découpent souvent en divisions capillaires. Citons les Renoncules batraciennes, plusieurs Ombellifères, le *Sagittaria sagittifolia*, inondé, à feuilles rubanées, et le *Sagittaria natans*, à feuilles dimorphes, observé par Pallas en Sibérie. C'est la variété *aquatilis*.

L'eau salée, l'atmosphère maritime et les autres circonstances dues au voisinage des mers produisent d'aussi profondes altérations de la forme spécifique. Il en résulte une taille plus courte et plus robuste, des plantes trapues, munies de tiges, de feuilles surtout, charnues, succulentes, souvent glabres, quelquefois pourtant plus chargées de poils que dans les types *méditerriens* (1). Telle est la forme *maritime* la plus habituelle. Il y en a d'autres que je passe sous silence, pour épargner des longueurs inutiles (2).

Après ce coup d'œil jeté sur les principales variations, une étude plus attentive fera reconnaître que les modifications, considérées en elles-mêmes, sont de plusieurs sortes : les unes directes et consistant en de simples changements matériels d'ordre physico-chimique ; les autres indirectes, plus ou moins complexes et organico-vitales.

A la première catégorie se rapportent les faits suivants : Dans un terrain dépourvu de calcaire, les plantes qui éliminent de la chaux par des glandes spéciales, ont des feuilles moins tuberculeuses, parce qu'elles sont moins chargées de sels terreux. Les chaumes des céréales sont moins élevés et moins résistants dans un sol où manque la silice. D'un autre côté, M. Moquin-Tandon et d'autres observateurs ont remarqué que les mollusques terrestres ont des coquilles transparentes comme la corne dans les terrains primitifs ou siliceux. Enfin, suivant l'intensité de la lumière, la coloration des feuilles et

---

(1) Qu'on me pardonne ce néologisme, indispensable à l'expression du fait que je veux indiquer. Les plantes *méditerriennes* sont celles qui vivent dans le milieu des terres, à l'abri des influences maritimes. Je ne pouvais les nommer *méditerranéennes*, ce qui eût signifié tout autre chose ; elles ne sont pas non plus exclusivement *continentales*. Quant à l'épithète *terrestres*, elles ne la méritent pas plus que les espèces du littoral.

(2) Le travail que j'ai préparé sur les formes maritimes se trouve indiqué d'avance par l'illustre auteur de l'*Histoire naturelle générale*, à qui j'en avais communiqué les principales conclusions (voy. Isidore Geoffroy Saint-Hilaire, *Histoire naturelle générale des règnes organiques*, t. III, 2ᵉ partie, p. 373).

des enveloppes florales, chez les plantes, est plus ou moins foncée; les coquilles des mollusques, les élytres des insectes sont plus ternes ou plus brillantes.

Rien de plus facile à comprendre que ces particularités : ce sont des effets purement physiques, comparables à l'opacité du papier obtenue à l'aide de l'introduction du sulfate de chaux dans la pâte, ou à ces colorations des matières organiques, dues à la combustion lente de substances chromatogènes, à laquelle M. Liebig a donné le nom d'*érémacausie*.

Mais d'autres modifications morphologiques ne se rattachent pas aussi clairement à leur cause supposée. De quelle manière agissent les circonstances extérieures pour déterminer un pilosisme exagéré, la découpure capillaire du système foliacé, ou bien la transformation charnue des parties vertes? Ici les phénomènes sont plus compliqués et leur enchaînement est plus obscur. Cherchons cependant à nous en rendre compte.

Tout changement dans le milieu ambiant et, quand il s'agit des animaux, tout changement d'habitude, déterminent une modification correspondante dans le fonctionnement et la nutrition de l'être vivant, car toute altération des conditions extérieures, tout ce qui est *autre*, devient une cause d'activité pour les organismes. Que l'altération ait lieu en plus ou en moins, il en résulte toujours une excitation pour l'économie vivante, semblable en cela à la pile thermo-électrique, dans laquelle on produit un courant, soit qu'on échauffe ou qu'on refroidisse l'une des soudures. D'ailleurs, la stimulation s'adresse tantôt à un appareil, tantôt à un autre, sauf à s'étendre ou à se généraliser plus tard, en vertu de ce *consensus* qui fonde l'unité individuelle. Pour éclaircir cette proposition, prenons un cas vulgaire.

Le froid stimule la sensibilité et la circulation capillaire de la peau; il augmente l'hématose cutanée et la chaleur périphérique, provoque à l'exercice musculaire, et conséquemment à la dépense de combustible, aiguise l'appétit et active les fonctions digestives, appelle des aliments plus substantiels et favorise la nutrition. Finalement il développe la masse du corps et crée le tempérament sanguin avec la constitution athlétique, si ce n'est d'emblée chez l'individu, du moins à la longue, dans sa race. C'est ce qui a lieu dans les âpres climats du Nord. Des effets inverses se produisent sous l'action énervante de la température des tropiques.

Chaque circonstance exerce de même, sur l'organisme, une influence locale ou générale, légère ou forte, dont le sens, la valeur et la diffusion sont déterminés par des lois biologiques en partie connues, telles que celles de l'excitabilité, des sympathies, du balancement organique, de la corrélation de développement, etc.

L'agent extérieur porte son action sur un organe ou sur un appareil, dont il élève, abaisse ou pervertit les actes physiologiques. Consécutivement, les phénomènes nutritifs et plastiques subissent un changement analogue, attendu que l'activité fonctionnelle est le véritable régulateur de la nutrition. Mais, chez les êtres vivants, la réaction est rarement égale à l'action ; d'ordinaire elle lui est supérieure ; mais parfois aussi elle est nulle. De plus, chacun répond à sa manière aux excitations du dehors. Dès lors on conçoit que l'action des causes cosmiques donne des résultats disproportionnés à sa puissance et différents selon l'état de l'individu à qui elle s'applique et selon l'espèce à laquelle cet individu appartient. Il n'en existe pas moins un certain rapport, et même un rapport certain, entre la nature de la cause et le sens des déviations organiques ; seulement l'organisme n'est pas astreint à réagir suivant une seule direction. Contre chaque atteinte de la matière brute, il a plusieurs manières de manifester sa résistance.

Cette lutte engendre à la longue, dans les parties affectées, des altérations de forme, d'étendue, de rapports, etc. (1), qui, sans faire des organes entièrement nouveaux, constituent cependant une modalité nouvelle dans l'économie de l'animal ou de la plante. La transformation n'est donc pas l'effet immédiat de la cause externe. Provoquée par la condition insolite du milieu, elle est effectuée par les forces organiques anormalement excitées.

Or, en se modifiant elles-mêmes, les espèces végétales et animales tendent constamment à ce but : de rendre leur économie moins accessible aux troubles suscités par les agents physiques qui conspirent à sa perte, bien qu'ils lui fournissent à toute heure ses moyens d'existence. Un sang plus riche permet aux animaux hyperboréens de fabriquer plus de chaleur, une fourrure plus épaisse et souvent blanche les empêche de la perdre par le contact ou par le rayonnement. Grâce à ces dispositions, l'existence des mammifères et des oiseaux devient possible jusque sur les glaces des pôles. La prédominance hépatique chez les peuples tropicaux a visiblement pour but l'élimination des matières incomburées qui échappent à une respiration imparfaite. La couche pigmentaire épaisse de la peau du nègre me paraît destinée à éteindre les vibrations lumineuses de la radiation solaire et à préserver d'une désorganisation les parties si délicates dévolues à la sensibilité tactile. C'est ce qui fait que la plupart des hommes de la race blanche brunissent si rapidement quand ils s'exposent aux ardeurs du soleil. Je vois encore une preuve de cette admirable harmonie, entre les besoins et l'organisation, dans la formation d'une membrane interdigitale, favorable à la natation,

______

(1) Toutefois, les effets du milieu sur les organismes ne se traduisent pas toujours par des changements extérieurs très apparents. Chez les plantes et chez les animaux, l'adaptation peut s'effectuer à l'aide de modifications dans le fonctionnement, la crâse des humeurs et la structure intime, sans altération grossière des caractères morphologiques. Le type organique se conserve, mais le tempérament change. Il suit de là que tous les représentants d'une espèce extensive, pris indifféremment au centre et aux limites de son aire de végétation, pourraient se ressembler presque exactement au point de vue de la conformation et de l'aspect extérieur.

chez les chiens de Terre-Neuve, qui sont, par leurs mœurs, de véritables amphibies.

Je montrerai plus tard que les types végétaux sont également appropriés à leur milieu, et que les variations accidentelles de ces types, notamment les variétés frimaires, aquatiques et maritimes, sont en rapport avec l'accommodation des organismes aux circonstances particulières de leur habitat.

En se plaçant à ce point de vue, des particularités de structure, qui paraissaient auparavant des traits insignifiants du type morphologique, prennent aussitôt la valeur d'un caractère biologique d'une importance considérable, et l'on se trouve amené à cette conclusion : à savoir que, *si l'organe fait la fonction*, ce qui a l'évidence d'un axiome, *une exigence fonctionnelle entraîne à son tour une modification organique correspondante*. Ces points fondamentaux une fois établis, la solution d'un certain nombre de questions subsidiaires en découle presque naturellement. Telles sont celles de l'acclimatation et des limites de la variabilité.

VI

> *Le principe de l'adaptation* me paraît dominer toute la question de la variabilité des types. Les espèces ne varient que dans la mesure nécessaire à cette adaptation.

Les naturalistes qui se sont occupés de la mutabilité des types se sont généralement contentés d'établir que les variations existent et qu'elles résultent de l'action des agents physiques de la nature (1).

Dans cette simple donnée, rien ne permet de prévoir où les variations accidentelles du type doivent s'arrêter; car, si les causes complexes de ces mutations de formes se réduisent à des influences de chaud et de froid, d'ombre et de soleil, d'humidité et de sécheresse, de légèreté et de pesanteur ou de calme et d'agitation de l'air, il est évident que les effets produits seront proportionnels à l'intensité de ces influences, et que, celles-ci devenant excessives, les changements survenus devront être énormes. En d'autres termes, les conditions de température, de lumière, de pression, d'hygrométrie, etc., étant indéfiniment variables suivant les latitudes et les périodes géologiques, il s'ensuit que les formes d'un même type primitif sont nécessairement indéfinies elles-mêmes. Or, la conséquence et le principe me paraissent également faux.

(1) Lamarck, à la vérité, accordait une grande importance aux habitudes, mais il en exagérait le rôle aux dépens des actions physiques, et de plus il ne paraissait pas se faire une idée exacte de l'enchaînement des phénomènes fonctionnels et nutritifs concourant au résultat final. Les auteurs plus récents n'ont pas insisté non plus sur cette corrélation, tout en tenant compte de l'influence des habitudes.

Non, les circonstances telluriques et météorologiques ne sont pas la raison suffisante des changements qui s'opèrent dans les êtres vivants ; elles ne sont que les causes déterminantes de ces métamorphoses, dont la véritable cause efficiente réside dans l'aptitude des organismes à s'accommoder aux conditions nouvelles des milieux où ils sont appelés à vivre. Cela est tellement vrai, que certains d'entre eux résistent à ces influences inaccoutumées et périssent plutôt que de s'y soumettre. Si d'autres organismes, plus maniables, se laissent transformer, ce n'est pas qu'ils ressentent les actions des forces physiques à la manière des corps bruts ; ce n'est pas qu'ils se laissent simplement gonfler par l'humidité, dessécher par le vent ou brûler par le soleil ; leur rôle est loin d'être absolument passif ; ils réagissent, au contraire, contre ces influences devenues offensantes, et se façonnent si bien qu'après avoir résisté à des causes presque délétères ils finissent par fonctionner régulièrement dans leur nouveau milieu.

Les mutations des espèces animales ou végétales, par le fait de leurs conditions d'existence, ne sont donc pas des effets directs et nécessaires de ces circonstances physiques, elles en sont les conséquences détournées et contingentes. La chaleur, par exemple, n'est pas plus la cause efficiente et suffisante de la formation d'une variété, qu'elle n'est la cause efficiente et suffisante de la germination d'une graine, ou que la main qui met en mouvement un mécanisme compliqué n'est la cause génératrice des tissus fabriqués par cette merveille de l'industrie.

Ainsi les modifications des êtres créés ne sont pas des empreintes laissées par les agents de la nature ; ces modifications révèlent une réaction organique contre des influences insolites exercées par ces agents, et elles ont pour but, ou si l'on veut pour résultat, de conformer l'espèce à ses nouveaux besoins.

Le *principe de l'adaptation* me paraît dominer toute la question de la variabilité des types. Les espèces ne varient que dans la mesure nécessaire à cette adaptation.

Ce qui change, ce sont les conditions de forme et de structure devenues incompatibles avec le milieu ambiant ; les caractères immuables sont ceux qui n'importent pas au fonctionnement régulier de l'espèce. Que sert l'éperon aigu des fleurs de Linaire à la vie normale de la plante, et en quoi ses transformations pourraient-elles aider l'espèce à supporter un climat qui ne lui convient pas ? Qu'importe à la végétation, ou même à la reproduction, que les feuilles soient peltées ou bien réniformes ; que les fleurs soient jaunes ou rouges, régulières ou anomales ; que les étamines soient soudées en un ou deux faisceaux ; que les tiges soient volubiles à droite ou à gauche ? Eh bien ! toutes ces particularités, qui n'expriment, pour ainsi dire, que l'idée créatrice, d'autres diraient que les caprices de la force plastique, tout cela échappe à l'influence des vicissitudes cosmiques.

Il en est tout autrement pour les caractères de glabréité ou de pilosisme, pou la présence ou l'absence de l'enduit cireux, pour l'existence de racines fibreuses ou pivotantes, courtes ou prolongées, sèches ou tubéreuses, et encore de feuilles entières ou finement découpées, laminaires ou charnues, à stomates nombreux ou rares, à épiderme mince ou calleux. Voilà les détails d'organisation qui influent sur le mode de végétation de la plante et qui doivent subir des changements en rapport avec ceux du milieu.

D'après cela, l'action des climats se fera sentir sur le système végétatif, de préférence au système reproducteur ; elle s'exercera principalement sur les caractères superficiels, non sur ceux qui touchent au fond même de l'organisation. Ou bien, si elle s'étend aux organes de la reproduction, comme chez les nains, elle respectera, en tous cas, l'immense majorité des qualités qui distinguent les types. L'essence, telle que nous l'avons définie, ne changera donc pas. Et, comme les caractères supérieurs de classe, de famille et même de genre se tirent de l'anatomie de structure et de l'appareil reproducteur, plutôt que des particularités de formes du système végétatif énumérées ci-dessus, il est clair que les végétaux pourraient difficilement par leur transformation passer d'un genre à un autre, et à plus forte raison d'une classe à une autre.

Nous voilà donc conduits, par l'induction, à une conclusion tirée déjà de l'observation directe des faits. Les agents extérieurs, je le répète, ne changent pas l'essence d'un type organique, c'est-à-dire qu'ils n'en altèrent que certains traits plus ou moins apparents, en respectant les caractères vraiment fondamentaux. « Malgré l'étonnante mobilité des formes, dit M. Decaisne, » les véritables caractères spéciaux restent tout à fait inébranlables ; » ce qui permet à l'être vivant, ainsi modifié, de revenir à sa forme première, lorsqu'il retourne à ses anciennes conditions d'existence, ou de changer encore s'il est soumis à d'autres influences cosmiques. Seulement ces réversions ou ces transformations seront d'autant plus lentes et plus difficiles à effectuer que la modification première aura été elle-même plus profondément burinée par le temps, et qu'elle aura traversé, en se perpétuant, de plus nombreuses générations.

L'atavisme donnera, en certains cas, aux caractères acquis, une fixité qui pourra faire illusion sur l'autonomie d'un type organique dérivé, et lui fera accorder le titre d'espèce indépendante. En pratique, il ne sera donc pas toujours aisé de décider la question de savoir si l'on a affaire à une espèce distincte ou seulement à une race ancienne. Ceci nous ramène à jeter un dernier coup d'œil sur la définition de l'espèce.

Puisque la forme n'est qu'un élément de diagnose de l'espèce, et un élément de valeur secondaire par rapport à l'essence, il semblera peu convenable de continuer à donner le nom d'*espèce* (*species*, apparence) à un type organique qui, sans cesser d'être lui-même, peut offrir plusieurs aspects morphologiques très éloignés. La dénomination de *genre* (*genus*) serait assurément plus rationnelle pour exprimer la collection des formes multiples, issues d'une même souche primordiale, comme une famille humaine d'un père ou *générateur* commun. Mais une pareille réforme de langage serait bien difficile à faire accepter de l'universalité des savants. Depuis Tournefort, l'espèce est constituée sur ses bases actuelles, et le mot *species* s'applique aux types dont le polymorphisme est reconnu, sans qu'on ait songé à voir une contradiction entre cette expression et les caractères des êtres qu'elle désigne. En parlant de l'espèce naturelle, on peut discuter sur la prééminence de tels ou tels caractères ; mais tout le monde s'entend aujourd'hui sur ce dont il s'agit. Le sens étymologique du mot a fait place, depuis longtemps, à une signification conventionnelle ; il est même si bien oublié, que les mots *spécifique* et *spécificité* sont pris maintenant, en histoire naturelle et en médecine, dans la même acception que ceux d'*essentiel* et d'*essentialité*. Je ne prétends pas que cette corruption ne soit pas fâcheuse, je constate seulement le fait et l'impossibilité de rompre à présent avec un usage général et invétéré.

Toutefois, l'abus des distinctions spécifiques, si regrettable d'ailleurs, aura peut-être l'avantage de ramener la science à de plus saines applications des expressions dont je critique l'emploi. La subdivision excessive des types linnéens conduit, en effet, à accorder à l'espèce la valeur d'une variété, et au genre celle d'une espèce. Si telle doit être l'influence de l'école ultra-analytique, je me sens disposé à lui faire grâce d'avance des torts qui lui sont imputables à d'autres égards.

Quand le mot *species* (εἶδος) sera restitué à sa véritable signification, on s'en servira pour désigner des races plus fixes que les autres, et relativement irréversibles. Alors il sera juste de dire, avec l'un des botanistes les plus profonds de notre époque, M. Naudin, que les variétés se *spéciéisent* de plus en plus par la continuité d'action des circonstances qui leur ont imprimé leur cachet distinctif. Mais, en même temps, le genre se sera substitué à l'espèce, et c'est à lui que s'appliqueront dorénavant les vues qui nous ont guidé dans l'étude de cette dernière. En attendant, je suis obligé d'accepter l'espèce telle qu'elle est établie du consentement unanime des naturalistes, et telle que la comprennent ceux-là mêmes dont les errements taxonomiques tendent à en fausser la définition.

Ces explications entendues, à quoi bon poser la question de savoir si les changements amenés par les circonstances climatériques peuvent être assez considérables pour faire une espèce nouvelle aux dépens d'un type préexistant ? La réponse, en effet, sera affirmative ou négative suivant l'idée qu'on se fera de l'espèce.

J'ai signalé ailleurs, chez les plantes naines, des particularités qui, dans la manière de procéder des botanistes modernes, conduiraient logiquement à les constituer non-seulement à l'état d'espèce, mais à l'état de genre séparé, puisque, indépendamment de modifications dans le port et les organes appendiculaires, le nombre des parties de la fleur subit, en certains cas, une réduction obligée.

Les faits analogues à ceux que j'ai rapportés dans mon mémoire sont très nombreux; ils se multiplient pour moi à mesure que j'observe davantage, et, quand ils seront bien appréciés de la majorité des botanistes descripteurs, ils serviront, j'en suis convaincu, à réformer bon nombre d'espèces et à rectifier la taxonomie.

Beaucoup d'espèces, décrites séparément dans les livres, ne sont représentées que par les nains des types auxquels elles appartiennent. Je me réserve d'en dresser une liste dans un prochain travail. Les expériences bien connues de M. Decaisne l'ont conduit à réduire le nombre des espèces dans plusieurs genres de plantes; pour lui les *Plantago* devraient être ramenés à quatre ou cinq types seulement. « Des observations déjà anciennes, dit le savant » professeur, que j'ai faites sur les *Isatis*, m'ont démontré qu'une multitude » de plantes, décrites comme espèces distinctes et des mieux caractérisées en » apparence, finissaient par se fondre, dans nos jardins, en une seule, le » classique *Isatis tinctoria*. Il en a été de même d'un genre de Crucifères » découvert en Dahourie, le *Tetrapoma*, si curieux par la structure de son » fruit, qui a repris en peu d'années, au Jardin-des-plantes, la forme normale d'une Caméline (1). »

M. Moquin-Tandon (2) considère le *Fraxinus argentea*, qui croît en Corse, comme une variété du *Fr. excelsior*. Le *Chenopodium concatenatum* Thuillier n'est à ses yeux qu'une forme du *Ch. viride*, qu'on pourrait obtenir à volonté en coupant le sommet de l'axe principal de ce dernier.

M. James Lloyd (3), ayant cultivé, dans son jardin à Nantes, le *Pyrethrum maritimum* Smith, l'a vu revenir au type *Pyr. inodorum*.

Le professeur Buckman a réussi, après dix ans d'essais, à anoblir le Panais sauvage, comme Louis de Vilmorin la Carotte, et à lui donner une racine charnue très mangeable. Le même expérimentateur, ayant fait comparativement, avec toutes les précautions désirables, des semis d'un grand nombre d'espèces de Fétuques, est arrivé à démontrer l'identité spécifique des *Festuca ovina*, *duriuscula*, *rubra* et *tenuifolia* d'une part, et d'autre part des *Festuca elatior*, *pratensis* et *loliacea*. M. Buckman va jusqu'à prétendre que le *Glyceria fluitans* s'est transformé sous ses yeux en *Poa aquatica*, chose incroyable et qui ferait douter des autres résultats annoncés, si les étroites affinités qui unissent les espèces des différents groupes du genre *Festuca* ne rendaient excessivement vraisemblable leur dérivation, pour chaque groupe,

---

(1) In *Bull. Soc. bot. de Fr.* t. IV, p. 338.
(2) Communication orale.
(3) *Flore de l'ouest de la France*, p. 243.

d'une même souche originelle. Quoi qu'il en soit, il me serait facile d'allonger la série des exemples favorables à ma thèse, d'après des remarques consignées dans les auteurs ou d'après mes propres observations. Je signalerai ultérieurement les faits de ce genre au fur et à mesure que l'occasion s'en présentera; mais j'affirme dès aujourd'hui qu'une multitude d'espèces, reconnues comme distinctes par les naturalistes, ne sont que de simples formes dues aux circonstances climatériques ou hygiéniques, et que les déviations en sens contraires, sous l'empire de conditions opposées, donnent lieu parfois à une telle divergence de produits, que deux variétés d'un même type ont pu être placées dans deux genres différents. Voilà à quelles conséquences déplorables conduit la préoccupation trop exclusive de la forme dans la classification des êtres de la nature (1).

Le règne animal fournirait aussi bien la preuve des nombreuses illusions auxquelles le *métamorphisme organique* expose les nomenclateurs. Là, comme chez les végétaux, beaucoup de types créés se trouvent subdivisés arbitrairement en autant d'espèces qu'ils offrent de formes dissemblables. Dans les deux grandes divisions de l'empire organique, une dissociation abusive des êtres réclame donc pour correctif une synthèse rationnelle. Quelques exemples tirés de la zoologie viendraient à point compléter la justification de cette proposition générale; je m'en dispense, afin de rester fidèle au titre de ce travail, déjà trop long peut-être. Toutefois, je ne saurais me défendre, puisque l'occasion s'en présente, d'exprimer mon avis en ce qui concerne la classification des variétés de l'espèce humaine.

Avec la plupart des philosophes et même des naturalistes, avec M. de Quatrefages le dernier et l'un des plus habiles défenseurs de la doctrine monogéniste, je crois à la communauté d'origine, indépendamment de toute considération de dogme et de tradition écrite.

---

(1) J'ignorais, en écrivant ce travail, que je pusse invoquer en ma faveur l'autorité de Linné lui-même. L'immortel auteur de la *Philosophie botanique* eut, de son vivant, l'occasion de condamner la subdivision excessive des types. Il exhale ses plaintes à peu près en ces termes : « Les anciens, dit-il, s'appliquaient à nous transmettre des espèces
» distinctes, soin superflu ! Les modernes, depuis la fin du siècle dernier, plus soucieux
» d'augmenter le nombre des plantes, infestent la science de variétés, mises à la place
» des espèces, puisqu'un caractère de la plus mince valeur suffit à créer une espèce, au
» détriment de la botanique. Tel a été l'entraînement de l'opinion, que les variétés sont
» devenues des espèces et les espèces des genres. Vaillant, le premier, s'est opposé à
» cette hérésie, ensuite moi, bientôt Jussieu, Haller, Royen, Gronove et nombre d'autres,
» de peur de voir s'abimer la science. »
Voici le texte latin de cette importante déclaration :
« Veterum constantiam in speciebus distincte tradendis vicit recentiorum studium
» numerum plantarum augendi sub fine præcedentis seculi, et infecit scientiam varietatum
» introductione, loco specierum, dum ob notam levidensem nova species creabatur in
» detrimentum Botanices : eo usque processit opinio, ut varietates evaderent Species,
» et Species Genera : huic Hæresi sese opposuit primus Vaillantius, dein Ego, mox
» Jussiæus, Hallerus, Royenus, Gronovius, aliique non pauci, ne rueret scientia. »
(Car. Linnæi *Phil. bot.* p. 248. Coloniæ Allobrogum, 1787.)

Si différents que soient entre eux les Éthiopiens, les Mongols et les Indo-Européens, l'analogie indique qu'ils peuvent procéder d'une seule et même espèce primordiale. D'ailleurs, l'observation démontre qu'il n'est pas un seul caractère qui appartienne en propre à l'une de ces races à l'exclusion des autres, et l'on passe à travers des nuances insensibles en parcourant le cercle des variations morphologiques de l'humanité actuelle. Ainsi la coloration enfumée ou noirâtre des tissus fibreux intérieurs et des enveloppes de l'encéphale, qui passait pour n'appartenir qu'à la race nègre, je l'ai retrouvée à l'état normal chez les sujets bruns de notre pays, et j'ai eu la satisfaction de voir ce détail utilisé par M. de Quatrefages dans son éloquent plaidoyer en faveur de la monogénie (1).

Maintenant, quel est le type primigène de l'humanité, quelles en sont les formes dérivées? Le premier couple était-il blanc ou noir? Les nègres sont-ils des caucasiques torréfiés, ou bien, n'en déplaise à l'aristocratie de couleur, Japhet n'était-il qu'un albinos (2), et ne serions-nous que les pâles descendants d'une race au teint plus foncé? Tout cela je l'ignore, mais ce que je sais de science à peu près certaine, c'est que les différences qui séparent les hommes sont de celles qu'engendrent les influences extérieures, agissant durant une longue suite de siècles. Jusqu'à démonstration du contraire, j'admettrai donc la communauté d'origine comme base naturelle de la fraternité humaine.

Démontrer que les modifications contingentes des types morphologiques ne sont pas des jeux de la nature, mais des moyens d'accommodation aux conditions nouvelles où les créatures sont appelées à vivre et à se propager, c'était justifier en grande partie les espérances de ceux qui se sont voués aux travaux d'acclimatation. Le principe d'acclimatement n'est qu'un corollaire du fait général d'adaptation aux milieux.

Les espèces s'acclimatent à la condition de varier, et les organismes les plus flexibles sont nécessairement ceux dont l'acclimatement est le plus facile.

Aussi les animaux ou les plantes qui occupent les aires les plus étendues, à la surface du globe, sont-ils ceux dont le type est le plus varié. Il en est de même pour les genres dont les espèces, qui ne sont guère que des races fixées, sont les plus nombreuses et les mieux nuancées. On a donné de ces faits d'autres interprétations en harmonie avec la doctrine monogénésiaque. Je laisse aux savants le soin de décider de quel côté se trouve la plus grande somme de probabilités, mais je tiens à signaler une cause d'erreur attachée à la manière habituelle de comprendre l'espèce.

(1) Voyez *Mémoires de la Société d'Anthropologie*, 1ʳᵉ année.
(2) Fr. Gérard a imaginé cette singulière hypothèse, qu'il serait aussi malaisé de soutenir que de combattre.

Tous ceux qui n'y voient qu'une forme distincte ont dû méconnaître non-seulement le phénomène de *variabilité accommodative* et la possibilité d'acclimatement, mais encore les lois qui président à la distribution géographique des végétaux et des animaux. Chaque fois qu'un type change de physionomie avec la latitude et les autres conditions cosmiques, il leur apparaît comme une espèce nouvelle; par conséquent, les limites assignées à l'aire des espèces sont généralement trop étroites et les règles déduites de l'étude de ces limites inexactes pèchent par les données fondamentales.

L'impossibilité d'acclimater les variétés ou les races découle encore du principe de l'adaptation, attendu que, les variétés ou les races étant produites à peu près uniquement par les influences climatériques et telluriques, ces modifications des types primitifs doivent subir de nouvelles transformations dans des circonstances autres que celles où elles ont pris naissance (1).

La variété n'est, en effet, qu'une forme revêtue par une essence dans des conditions extérieures déterminées et différentes de celles de son centre de création. Une espèce ubiquiste ou flexible peut se propager dans des climats pour ainsi dire contraires; mais on aurait tort de croire que les traits distinctifs d'une variété permanente pussent se perpétuer loin des circonstances climatériques qui l'ont engendrée. Les Choux dits de Bruxelles prospèrent à Gand et dégénèrent à Malines; les Oignons-doux et les Piments d'Espagne prennent de l'âcreté dans le nord, et ainsi de suite.

Il faut donc renoncer à l'espoir chimérique de naturaliser définitivement les chevaux arabes sous le ciel brumeux de la froide Europe. Cette race nerveuse, souple, élégante, est fille du soleil et ne fleurit qu'au désert. Le cheval arabe peut vivre et se reproduire dans nos contrées, mais à chaque génération il s'éloignera, bien que d'une manière insensible, des caractères qui le distinguaient à son origine, pour revêtir ceux des races autochthones. L'amélioration de l'espèce chevaline repose donc bien plus sur les soins hygiéniques accordés à chaque race locale et sur le choix éclairé des animaux reproducteurs, que sur l'introduction de souches étrangères, ou même sur la métisation.

Ce n'est pas à dire pour cela que des variétés ne puissent jamais se maintenir dans leurs formes pendant une longue suite d'années, en dehors de leur première patrie. Les races les plus anciennes résisteront d'abord avec succès à l'influence modificatrice des agents extérieurs; les végétaux ligneux surtout, qui se propagent par boutures, échapperont longtemps à l'empreinte du climat, mais enfin les uns et les autres finiront par subir la loi d'accommodation.

_____

(1) Répandre une plante dans une région très éloignée de celle qu'elle habite naturellement, mais analogue d'ailleurs pour le sol, l'exposition, les températures moyenne, *maxima* et *minima*, ce n'est pas faire de l'*acclimatation*, mais simplement de la *transplantation*. On confond souvent ces deux ordres de faits.

Au résumé, la réalité de l'acclimatement est fondée sur l'observation jour-
nalière des faits, et la condition du phénomène est la faculté d'adaptation dont
jouissent, à un degré plus ou moins élevé, toutes les espèces organiques.

Aussi, sans partager les illusions de ceux qui s'imaginent que tous les êtres
pourraient vivre indifféremment en tous lieux, moyennant une éducation
préalable, je me refuse à ne voir dans l'acclimatation qu'une décevante utopie.
La vérité est entre ces deux extrêmes. Je n'admets donc pas que les Palmiers
parviennent jamais, durant la période géologique actuelle, à reprendre la place
qu'ils occupaient, sous le 50ᵉ parallèle, du temps de la mer parisienne.
En revanche, je crois fermement que les efforts des hommes d'initiative,
entraînés par les conseils et par l'exemple d'Isidore Geoffroy Saint-Hilaire,
parviendront à doter la France et l'Europe d'un certain nombre de végétaux
et d'animaux utiles, empruntés à d'autres continents.

Pour achever cette étude préliminaire d'une réforme taxonomique, il ne
me reste plus qu'à donner en quelques mots l'indication de la méthode à
suivre pour instituer les espèces sur leurs bases naturelles. L'espèce, avons-
nous dit, est fondée sur la forme et sur l'essence tout à la fois; seulement la
forme, étant variable, ne saurait être le critérium absolu de la détermination
spécifique. D'un autre côté, l'essence n'étant pas directement saisissable et ne
pouvant être induite que d'un ensemble de circonstances difficiles à réunir, il
en résulte parfois une incertitude fâcheuse pour la fixation du type. Tâchons
cependant de nous frayer une route a travers tant d'obstacles accumulés.

D'abord une forme exactement semblable prouve clairement que les individus sont de même espèce; mais l'identité se cache aussi sous des masques
très divers ; alors il faut chercher d'où procèdent les sujets auxquels il s'agit
de marquer leur place dans la classification; il faut s'enquérir de leurs ancêtres et même en attendre la progéniture.

Si l'on assiste à la naissance d'une variété ou d'une monstruosité, ou bien
si l'on saisit le retour de ces déviations au type habituel, la conclusion est
facile à tirer. Il en sera de même dans les cas de génération alternante.

Ce que ne nous apprend pas notre expérience personnelle, la tradition peut
nous l'enseigner. C'est ainsi que les curieuses recherches historiques et phi-
lologiques de M. Alph. De Candolle nous font entrevoir la première patrie et
la souche sauvage de plusieurs plantes actuellement cultivées et dont l'origine
semblait se perdre dans la nuit des temps.

L'inspection attentive et patiente des fossiles et l'étude des analogues parmi
les espèces vivantes, combinées avec la connaissance historique des migrations
de ces dernières, ainsi qu'avec celle de leur distribution géographique actuelle,
ont conduit Isidore Geoffroy Saint-Hilaire à rattacher les rhinocéros de notre
époque à ceux de la période antédiluvienne. De semblables considérations
permettront, en quelques cas, de remonter à l'origine commune de plusieurs
types morphologiques.

D'autre part, on sera porté à soupçonner l'existence de simples variétés dans les groupes d'espèces des genres dits *par enchaînement*, et ce soupçon se convertira en probabilité, ou même en certitude, si l'on éprouve de sérieuses difficultés à saisir les limites qui séparent ces prétendues espèces, et si l'on passe insensiblement d'une forme à l'autre, par une série de nuances graduées. Le mélange de plusieurs formes dans la même localité, si souvent invoqué en faveur de la distinction spécifique des variétés litigieuses, ne prouve absolument rien. Les races, on le sait, conservent quelque temps, en vertu de l'atavisme, la physionomie acquise dans des circonstances particulières de sol et de climat.

Les présomptions fournies à l'appui de l'identité essentielle par la multiplicité des formes intermédiaires qui relient entre eux les types extrêmes, arbitrairement choisis, se trouveront singulièrement fortifiées si, mettant en regard la série des modifications d'un type supposé unique, et les conditions physiques où chacune d'elles se rencontre, on remarque une concordance parfaite entre les déviations observées et celles que faisait prévoir la théorie. Au contraire, si le type morphologique est inverse de celui qui aurait dû se produire dans les conditions physiques où il se rencontre, il est évident qu'il n'est pas accidentel, mais fondamental et qu'il caractérise une espèce réellement distincte. Deux exemples serviront à élucider ces propositions générales.

On connaît le rapport direct qui existe entre l'intensité de la lumière et celle de la teinte des fleurs et du feuillage. Si, par conséquent, deux espèces voisines diffèrent par leur coloration, de telle sorte que celle qui vit à l'ombre soit vivement colorée, tandis que l'autre venant en plein soleil sera pâle ou blanche, on devra en inférer que ces deux types sont essentiellement différents, car, s'ils appartenaient à la même espèce, c'est tout le contraire qui aurait lieu. Tel est le cas pour les *Lychnis vespertina* et *diurna*, si semblables d'ailleurs, dont le premier, à fleurs blanches, habite les décombres et les rochers exposés au soleil, tandis que le second, à fleurs rouges, à feuillage mêlé de pourpre, se tient dans les lieux humides et ombragés des contrées tempérées ou froides.

Voici maintenant l'*Arenaria rubra* pris dans l'intérieur des terres; il offre des feuilles minces, subulées; une autre plante recueillie au bord de la mer lui ressemble presque de tout point, sauf l'épaisseur du feuillage devenu remarquablement charnu. Est-ce une autre espèce? Non, car l'observation apprend que beaucoup de végétaux, à feuilles laminaires loin de l'Océan, prennent des feuilles grasses dans l'atmosphère maritime et dans le sol salé. L'*Arenaria rubra* a donc subi la loi commune.

Tels sont en abrégé quelques-uns des moyens à l'aide desquels on rendra probable, soit la séparation, soit l'identité spécifique de deux êtres vivants, rapprochés par d'étroites affinités. Mais la question ne pourra être décidée que par des recherches expérimentales trop négligées jusqu'à ce jour.

Pour démontrer péremptoirement l'identité essentielle de deux types organiques, il faut, d'une part, les féconder l'un par l'autre et constater que les
croisements sont indéfiniment fertiles. C'est là la pierre de touche, d'après
M. Decaisne. En second lieu, il est indispensable de cultiver ces types dans
des conditions entièrement semblables, afin de les ramener à une forme
unique, qui sera celle de l'un d'eux ou d'un troisième appartenant, du reste,
à la même espèce.

Seulement, pour ne pas tirer de ces dernières expériences des conclusions
prématurées et erronées, il importe de les répéter un grand nombre de fois
et d'en proportionner la durée à la fixité présumée de la race qu'on veut mo-
difier. Or, si trois ou quatre années suffisent, en certains cas, pour ramener
un type dérivé à la forme de celui dont il procède, il ne faut pas oublier
qu'un espace de temps triple ou quadruple sera souvent nécessaire pour
obtenir ce résultat. Le procédé sera donc très laborieux, mais l'acquisition
de la vérité est à ce prix.

« L'histoire naturelle en général, après n'avoir été longtemps qu'une
» science d'observation, doit tendre, dit M. Decaisne, à se faire science d'ex-
» périmentation ; la botanique, en particulier, doit recourir à l'épreuve des
» expériences, pour fixer, d'une manière certaine et définitive, les caractères
» d'un nombre immense d'espèces indéterminées (1). »

La voie du progrès est nettement indiquée par l'éminent professeur, et la
science ne peut manquer de s'y engager bientôt. Il appartient à la Société
botanique de France de donner l'impulsion.

(1) *Bull. Soc. bot. de Fr.* t. IV, p. 339.

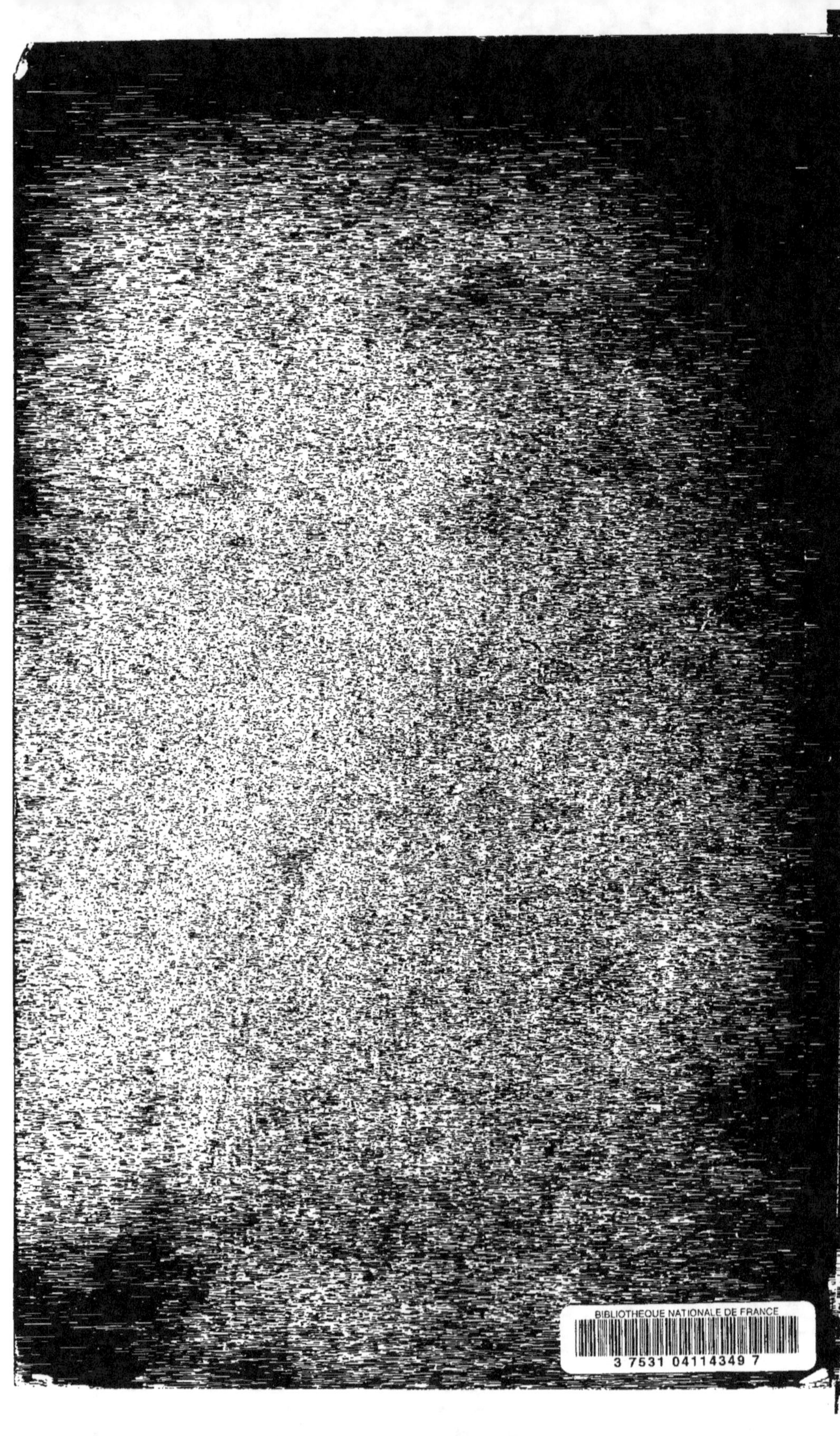